普通高等教育室内与家具设计专业系列教材

家具与室内设计制图

李克忠　主编

张继娟　副主编

中国轻工业出版社

图书在版编目（CIP）数据

家具与室内设计制图／李克忠主编. —北京：中国轻工业出版社，2023.8

普通高等教育室内与家具设计专业"十二五"规划教材

ISBN 978-7-5019-8967-6

Ⅰ.①家…　Ⅱ.①李…　Ⅲ.①家具－制图－高等学校－教材②室内装饰设计－建筑制图－高等学校－教材

Ⅳ.①TS664②TU238

中国版本图书馆 CIP 数据核字（2012）第 208441 号

责任编辑：陈　萍
策划编辑：林　媛　　责任终审：张乃柬　　封面设计：锋尚设计
版式设计：王超男　　责任校对：晋　洁　　责任监印：张　可

出版发行：中国轻工业出版社（北京东长安街6号，邮编：100740）
印　　刷：三河市万龙印装有限公司
经　　销：各地新华书店
版　　次：2023年8月第1版第8次印刷
开　　本：787×1092　1/16　印张：15.5
字　　数：407千字
书　　号：ISBN 978-7-5019-8967-6　定价：40.00元
邮购电话：010－65241695
发行电话：010－85119835　传真：85113293
网　　址：http://www.chlip.com.cn
Email：club@chlip.com.cn
如发现图书残缺请与我社邮购联系调换
231209J1C108ZBW

普通高等教育室内与家具设计专业
"十二五"规划教材编写委员会

序

当代中国家具行业真正意义上的发展，迄今只有短短 30 年的历程，30 年"摸着石头过河"的特殊历史背景呈现出实践走在理论前面的特点。这并不意味着家具业没有理论或理论没有起到作用，而是行业前进的步伐实在太快，家具业面临的新问题不断涌现，不断需要新的、与之相适应的理论来予以解释和指导，传统的家具理论在继承的同时需要创新。

30 年来，中国家具行业经历了以下几个关键的发展阶段，即：

- 填补市场空白：20 世纪 70 年代末至 90 年代初
- 品质提升（从工场手工业生产方式向规模化现代产业过渡）：20 世纪 90 年代中至 90 年代末
- 终端形象包装提升：2000 年始
- 区域竞争（市场下移）：2002 年始
- 设计竞争与品牌建设：2004 年始

固然，这几个时间的分界点难以精准界定，因为这些因子在每个时段都存在着，这里所描述的只是不同时段中的主流趋势。这样一个发展轨迹恰好反映了家具行业是怎样从卖方市场向买方市场逐渐转移的。伴随着这种转移，呈现出一种清晰的规律，即：市场空白吸引供应者加入，加入者的增加使某些生产要素变得同质化，同质化导致竞争加剧、企业利润降低、消费者需求标准提高，竞争促使企业进行新的变革，变革的层次不断提高、深化和综合，家具行业在竞争中发展、优化和壮大。

在行业整体发展的同时，企业间和区域间的差异也在扩大，从而使得家具业态也呈现出多层次和多元化的特点，对各种知识和理论有着选择性的需求。

完全竞争是家具行业的本质属性，与其他所有行业相比，家具的行业集中度处于最低水平，家具行业的进入门槛很低而需求复杂，因此对技术和设计的依存度高。

家具所涵盖的知识范围相当宽泛，对新材料、新技术、新思潮和新的潮流敏感，综合应用各种知识的能力要求高、动态特性显著。家具行业是典型的易学难精行业，因为市场的本质不仅仅对供应者、制作者有很高要求，而且主要取决于消费者选择的谨慎性和时代性。动态竞争是家具行业永恒的主题，理论是竞争最有效的工具。

本系列教材是学界对当代中国家具行业理性思维与理论总结的最新成果，是在实践中滋养和生成的，同时也吸收了现代西方理论的思想、理念和方法。其共同特点是注重理论联系实际，并将技术与管理相结合，重交叉，因此将更能满足实用性需求，同时也不乏理论深度，而且其理论体系本身是开放的，旨在不断吸纳新的思想和科技成果。本系列由十部独立的教材所组成，同时也相互兼容，在整体上涵盖了家具行业的全部专业领域，主要目标是为高等院校室内与家具设计专业的本科学生提供完整的系列教材，同时也可以为建筑设计、室内设计和工业设计专业的师生提供相关联的参考，还可为家具企业的管理与技术人员提供系统的理论知识和实用工具。教材作者均为目前国内高校家具专业的在职骨干教师，他们思维敏捷、开拓创新、知识中西融合。

其中，《家具与室内设计制图》《家具表面装饰工艺技术》《家具材料学》和《家具展示设计》分别由中南林业科技大学李克忠、邓背阶、张秋梅和戴向东老师主编，《室内与家具人体工程学》由浙江农林大学余肖红老师主编，《非木质家具制造工艺》由山东工艺美术学院薛坤老师主编，《家具史》《家具检测与质量管理》《木质家具制造工艺与生产组织》和《家具设计》分别由南京林业大学陈于书、祁忆青、李军和许柏鸣老师主编。许柏鸣教授为全套教材的总策划，同时负责对每本教材的大纲进行审定。

知识无限，基于我们的现实水平，虽已尽心尽力，但还会有错漏之处，恳请读者及业界同仁斧正。

普通高等教育室内与家具设计专业"十二五"规划教材编写委员会名誉主任

陈士能

2009 年 3 月

前言

　　家具设计与室内设计本属于两种不同性质的设计，但它们之间又有着千丝万缕的联系。家具设计属于工业设计范畴；而室内设计是建筑设计的延伸，现已成为一个独立的行业，属于环境艺术设计范畴。然而，家具的使用场所主要在室内，家具是室内的主要陈设物，任何一个室内空间都不可能没有家具，除非此空间不被人所使用。随着经济条件的改善、生活水平的提升，人们更加注重家具与室内整体环境的和谐统一，不希望家具与室内环境相割裂。当人们进行居住环境的规划时，总是将家具与室内环境进行统一设计，使得家具与室内整体风格协调一致，从而达到至善至美的效果。这是因为室内设计是家具设计的前提和基础，而家具设计反过来又影响着室内设计的总体特征。家具设计与室内设计的关系越来越密切。正是由于这种相互依存的关系，很有必要将它们有机地结合在一起进行讨论、学习。在设计表达方面，家具制图与室内设计制图不仅基本知识、基本方法与绘图工具等相同，而且在表现形式上也有很多共同之处。为此，本书将家具制图与室内设计制图融为一体，使之更为全面，更为系统，也更加方便实用。

　　本书是在原有《设计制图》的基础上，根据最新国家标准（GB/T 14692—2008 技术制图　投影法）结合企业生产实际改编而成。在继承传统教材精华的同时，注入现代家具与室内设计制图的新方法，并增加了大量生产实践中的设计案例，图文并茂，条理清晰，易于理解掌握，便于操作应用。本教材作为工业设计专业和艺术设计专业的一门学科基础课的使用教材，使用者应具备画法几何、设计速写等基础知识。为此，教材删减了"制图基本知识"、"投影理论"等与先修课程相重复的内容，增加了制图实践、徒手绘图等实践性专题内容，使得教材更加精练、丰富。

　　全书由中南林业科技大学李克忠、张继娟共同完成，第四章、第五章由张继娟负责，其余章节由李克忠负责编写并统稿。在编写过程中得到了中国轻工业出版社林媛老师，中南林业科技大学刘文海老师，深圳景初设计有限公司刘永飞老师的大力支持，书中的家具设计部分案例由景初公司提供。同时也参考了大量同类教材，参考教材及作者均在书后作了说明，恕不在此一一列出。书中插图由研究生刘欣、贺哲、于吉鹏等同学绘制。借此机会，对所有被引用教材专著的作者表示深深的谢意！同时也向所有关心、支持本教材编写、出版工作的领导、同仁表示衷心的感谢！

　　科学技术的不断进步与行业的高速发展，使得教材内容的更新相对滞后。尽管作者力争结合生产实践，但由于时间、精力有限，难免挂一漏万，书中的错误与不足之处在所难免，恳请广大读者、专家不吝赐教。

编者

2011 年 12 月

目录

第一章 绪论

第一节 图学概论

所谓图就是用点、线、符号、文字和数字等描绘事物几何特征、形态、位置及大小的一种形式。根据投影原理、标准或有关规定，表示产品、工程等造物对象，并有必要技术说明的图就称之为图样。图样与文字、数字一样，是人类借以表达设计意图的基本工具之一，具有独特的表现力，能详尽而准确地反映造物对象的形状和大小，便于依图进行生产和科研，起到了语言、文字难以表达的效果，被誉为工程界的语言。

一、图学历史与现状

人们用图形表达创造对象，起源于生产活动，至今还在不断发展，没有终结。在古代，当人类学会制造简单工具和营造建筑物时便伴随着出现了图形，但在很长一段时间用的是写实法。之后，生产工具和建筑物日趋复杂，技术要求也越来越高，只凭写实法已不能满足表达形体的要求。为了准确、明了、可量和绘制方便以及生产物件能顺利制造和施工，自然就提出了研究图样绘制规律和绘制方法的问题。人们需要的绘图法则，在许多工匠、技师、建筑师的长期生产实践活动中被逐渐积累起来。

17 世纪法国建筑师和数学家笛少格（Des argue，1593—1662）总结了用中心投影法绘制透视图的规律，并写出了《透视学》一书。18 世纪末，法国学者蒙日（Monge，1746—1818）全面总结了前人经验，用几何学原理，提出了将空间几何形状和物体正确地绘在平面图纸上的规律和方法，同时写出了《画法几何学》。至此，图形的正确性和度量性得到全面的解决，所形成的理论成为工程制图的基石。蒙日的功绩是巨大的，他的研究成果在图学史上是一个里程碑。

中国是一个有着五千年灿烂文明史的国家，在工程图学领域也有光辉的一页。我国图学的起源可以追溯到距今三千多年的殷代，那时甲骨文中已有"规"、"矩"二字。两千多年前的《周礼·考工记》《孟子》等古书中已有用规、矩、绳墨、悬、水等进行作图和生产的记载。"规"就是圆规，"矩"就是直尺，"绳墨"就是弹直线的墨斗，"悬"和"水"则是定铅垂线和水平线的仪器，如图 1 – 1 所示。在汉代出现了类似于现代工程图的雏形，我们可以从汉代画像石和画像砖中找到证据。宋代是我国古代工程图学发展的全盛时期，这一时期的许多科学技术专著都附有图样，且绘制精细，体例严谨。其中具有代表性的著作有：曾公亮的《武经总要》、苏颂的《新仪象法要》、吕大临的《考古图》、李诫的《营造法式》和王黼的《宣和博古图录》等，研究范围涉及建筑、手工业、机械、考古等领域。公元1100 年前后，北宋李诫撰写了经典著作《营造法式》，全书三十六卷，其中六卷全是图样。书中所附图样，大量采用了平面图、轴测图、透视图和正投影图，即已能用透视投影、平行投影等投影方法来绘制物体形状，并且图样绘制、线型采用、文字技术说明等，都明显反映制图的规范化和标准化情况，与现代工程图比较，几乎无多大差别，说明那时的图示法已较完善。按时间计算，《营造法式》比西方的笛少格和蒙日时代要早几百年。图 1 - 2 是《营造法式》中用断面图表达大殿构造的插图。

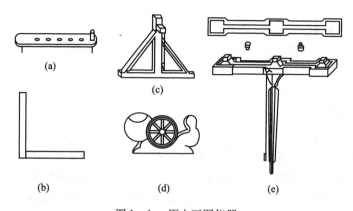

图 1 - 1　历史画图仪器
(a) 规　(b) 矩　(c) 悬　(d) 绳墨　(e) 水

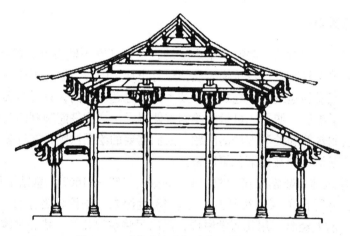

图 1 - 2　《营造法式》中的殿堂举析图

　　自从人类开始认识自然，改造自然，学会使用工具，从事生产活动以来，为了协调个人行为需求和社会有组织活动，不断提高人类活动的有效性和效率，就需要对人类活动的概念和事物提出标准化的要求。在生产实践活动中对工具、器物的性能和形状提出相似和统一的要求，以便于加工、制造和操作，就推动了建立在手工劳动基础上的产品和工艺标准化。作为工程语言的图样，更应该规范，不仅可以提高生产效率，还可以扩大行业之间、地区之间的交流。1945 年 9 月，美国、英国和加拿大联合在加拿大的渥太华召开了第一届工程标准的国际会议，对图样的尺寸和公差标注方法制定了统一的标准，并积极促进相关方面的工作。接着，1946 年 10 月，来自 25 个国家的代表会聚伦敦开会并成立了国际标准化组织（ISO）。1947 年，国际标准化组织建立了第十技术委员会（ISO/TC 10），专门负责对各类工程制图和技术文件进行统一和标准化工作，至今已颁布和修订多部技术制图标准。我国在 20 世纪 50 年代，开始建立制图的国家标准。自 1959 年颁布第一个《机械制图》和《建筑制图》国家标准以来，又先后于 1975 年、1984 年、1993 年、2000 年直到 2008 年对制图国家标准进行了修订，使之更加国际化和通用化，以适应我国改革开放的需要，更利于工程技术的国际交流。

　　20 世纪前，图样都是利用绘图工具手工绘制的；20 世纪初出现了机械结构的绘图机，提高了绘图的效率；20 世纪下半叶出现了计算机绘图。随着计算机科学与技术的快速发展和普及，传统的手工绘图方式逐渐由计算机绘图所取代。计算机绘图和计算机辅助设计技术现已成为各行各业的主要设计工具和手段。计算机辅助设计从根本上改变了传统的设计、绘图方式，使得图样信息的产生、存储和传递进入了崭新的阶段。AutoCAD 是美国 Autodesk 公司推出的一个通用的计算机辅助设计软件包。由于它易于使用、适应性强、便于二次开发，而成为当今世界上应用最广泛的 CAD 软件包之一。

二、设计与制图

设计作为人类生物性与社会性的生存方式，其渊源是伴随"制造工具的人"的产生而产生的。在生产力还不发达的时代，人们使用的工具、器物都是由手工制作的。当那些能工巧匠们制造一件工具时，先是在自己头脑里进行构思，然后再亲手把它造出来，所以，他们既是设计者，又是制造者，设计与制造是合二为一的。18 世纪工业革命后，社会进入工业时代，要制造的产品、工程越来越复杂，即便是小商品，由于需求量巨大，品种多样，仅依靠一个人不能完成设计与制造的全过程。于是，构思设计和动手制造就分成了两家。设计师要表达自己的设计意图，就要画出图来；工人师傅要造出合乎要求的产品，也必须按图生产。图样成了沟通设计与制造的桥梁，设计师绘制图样的过程就称为制图，而施工人员理解图样的过程就称之为识图。

设计一词虽然是英语 Design 在现代汉语中的译文，但其词源学上的含义，在古代中国的文献中早已有了相对应的词义。《周礼·考工记》即有："设色之工，画、缋、锺、筐、慌"。此处"设"字，与拉丁语"designare"的词义"制图、计划"完全一致。而《管子·权修》中"一年之计，莫如树谷，十年之计，莫如树木，终身之计，莫如树人"，此"计"字也相当于用以解释"Design"的"plan"。用现代汉语中的"设计"这一双音节词来对译英语的 Design，从其各自的语言背景及文化背景来看都毫无歧义，这正好说明了"设计"作为人类生活行为的共同特征。总之，设计就是设想、运筹、计划与预算，它是人类为实现某种特定目的而进行的创造性活动。

设计作为一种创造性活动，在创造过程中，设计者头脑里的三维构思和创意设想只是一种思维意识形态，只有通过绘制图样才能转变为可视的二维平面，然后通过模型将二维转化为三维，为了便于批量生产又用多视图将三维变成二维，最终经过制造得到三维产品，从而完成设计过程。而这些过程的转换都必须以图学中所提供的知识和规范来表达。

设计过程一般可分为五个阶段：设计准备阶段、概念设计与方案设计阶段、技术设计阶段、施工设计阶段和延伸设计（商品化设计）阶段。不同的设计阶段均以相应的图样为主要媒介对设计思想和方案进行阐述。在每一设计阶段，图又会伴随过程的始终。例如进入技术设计阶段，需要进行必要的构件受力分析、连接强度分析等，根据分析的结果，再对初始设计进行修改和优化。所有这些都需要用图来描述和表达。

因此，只要是从事设计工作就不能不进行绘图。制图是表达设计思想的最有效方法和手段。

三、设计制图课程

1. 本课程的性质与内容

设计制图是设计专业的一门必修基础课，它是研究空间几何理论以及解决绘制和阅读图样方法的一门科学。其主要任务是培养学生较强的制图能力和空间想象能力。学生对这门课程的掌握程度，不仅影响后续专业课的学习，而且对将来在工作实践中创新能力的发掘有着很大的影响。

设计制图的内容主要包括：设计图样的表达、家具制图、室内设计制图、制图实践以及透视原理、透视图的基本画法和透视图的实用画法等。制图的目的主要是用图线来表达设计对象（物体）。投影法是将三维立体转换成二维图形的有效方法，也是该门课程研究范畴的构建基点，如图1-3所示。借助不同的投影方法，可以将物体用透视图、轴测图或工程图的形式加以表达。

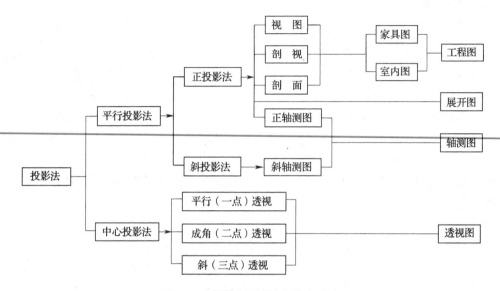

图1-3 设计制图研究框架与内容

2. 本课程的主要目标与任务

（1）学习和掌握正投影法、中心投影法的基本原理和方法；

（2）培养徒手绘图、仪器绘图和计算机绘图的动手能力；

（3）培养正确运用国家标准及行业有关规定绘制和阅读家具图样和室内设计图样的基本能力；

（4）培养空间想象能力、空间思维能力和开拓创新精神；

（5）培养严谨细致的工作作风和认真负责的工作态度。

3. 本课程的学习方法

该课程是在画法几何、工程制图基础等相关课程的基础上进一步研究绘制和阅读设计图样的基本原理和基本方法的课程，具有系统的理论和方法，又有很强的实践性。学习时应注意以下几点：

（1）理论联系实际，掌握正确的学习方法 在掌握基本概念和理论的基础上，必须通过做习题、绘图和读图实践，通过由空间—平面—空间，这样一个反复提高认识的过程，学会和掌握运用理论分析和解决实际问题的正确方法和步骤，培养和提高空间想象力和空间思维力。

（2）严格遵守国家制图标准和行业技术标准 为了确保图样正确和规范，《国家技术制图标准》《建筑制图标准》《家具制图标准》等均对图样的绘制作了统一的规定，学习中要坚决遵守各项规定，养成良好的绘图习惯。

（3）课前预习是提高听课效率，保证学习质量的有效手段 提前了解家具产品、室内装饰工程以及相关行业情况有利于对所学内容的理解和巩固。

第二节 投影知识简介

一、基本概念

目前一切工程图样的绘制和识读都是以投影法为基础的。

(一) 投影法

投影法是指在一定的投射条件下，在承影平面上获得与空间几何形体或元素一一对应的图形的过程。如图1-4所示，由投射中心 S 作出空间直线段 AB 在承影平面 P 上的图形 ab 的过程：过投射中心 S 分别作投射线 SA、SB 与承影平面 P 相交，于是得点 A、B 的图形点 a 和点 b，连接 a、b，则直线段 ab 就是空间直线段 AB 在承影平面 P 上与之对应的图形。我们称这种获得图形的方法为投影法；称所获得的图形为投影；称获得投影的承影平面为投影面。投射线、承影面、物体是实现投影的基本要素。

(二) 投影分类

1. 中心投影法

当投射中心 S 距投影面 P 为有限远时，所有投射线均为自投射中心 S 发出的线束，如图1-5所示，这种投影法称为中心投影法。用中心投影法所获得的投影称为中心投影或透视投影。由于中心投影法所有的投射线对投影面的倾角是不一致的，因此所获得的投影形状大小与表达对象本身在度量问题上有着较复杂的函数关系。

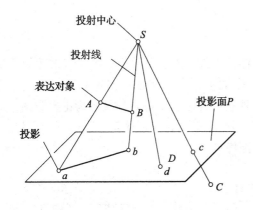

图1-4 投影法的基本概念

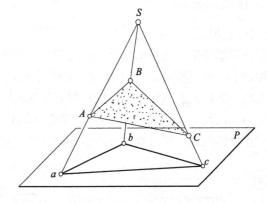

图1-5 中心投影法

2. 正投影法

当所有投射线互相平行，且投射线垂直于投影面 P 时的投影方法称为正投影法。用这种方法获得的投影为正投影。如图1-6所示，这是平行投影中的一种特殊情况。正投影法具有如下三种投影特性：类似性、不变性、积聚性。利用其不变性，可以使绘图工作相对简易。

3. 斜投影法

当投射线倾斜于投影面 P 时的平行投影方法称为斜投影法，用这种方法获得的投影称为斜投影。如图1-7所示，由于对投影面 P 倾斜的投射线有无穷多，因此绘图时必须设法限定投射线对投射面 P 的倾斜方向和角度，才能得到唯一的斜投影。

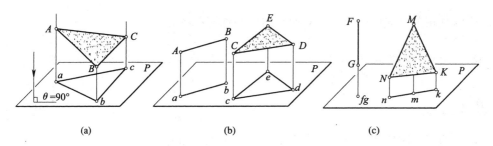

图 1-6　正投影法及其投影特性
（a）类似性　（b）不变性　（c）积聚性

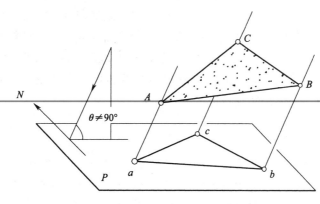

图 1-7　斜投影法

二、常用投影图

1. 正投影

正投影是采用正投影法将空间几何元素或形体分别投射到相互垂直的两个或两个以上的投影面上，然后按规定将所有投影面展开至同一平面上，利用多面正投影相互补充，来确切、唯一地反映表达对象的空间位置和形状的一种表达方法。所得到的投影为正投影图，如图 1-8 所示。正投影图中的每一面投影都只能分别反映空间几何形体某一面的真实形状。

正投影图是一切工程设计中普遍使用的一种图样。

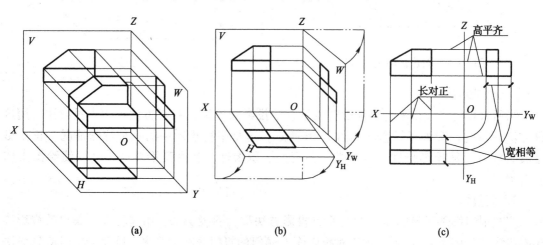

图 1-8　形体的三面正投影图
（a）示意图　（b）将投影面展开　（c）三面图

2. 轴测投影

轴测投影（简称轴测图）是一种单面投影。它是利用平行投影法将空间几何元素或形体连同所选定的直角坐标轴一起，投影到单一的轴测投影面上，以获得能反映该几何元素或形体长、宽、高三度空间形象的一种表达方法，所得到的图即为轴测图，如图1-9和图1-10所示。

轴测图主要用于表现室内设计的整体布局或建筑空间的内部结构。

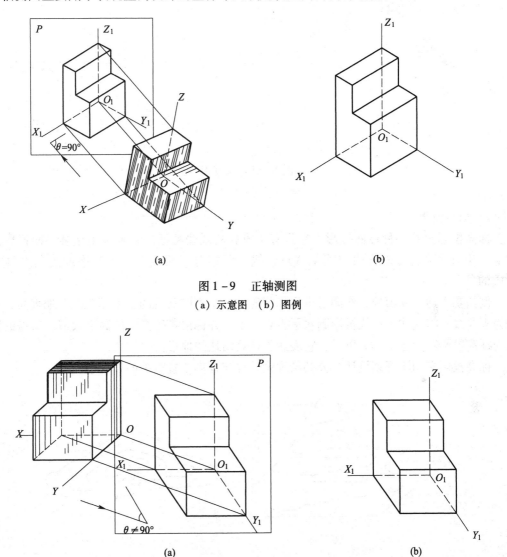

(a)　　　　　　　　　　　　　(b)

图1-9　正轴测图
(a) 示意图　(b) 图例

(a)　　　　　　　　　　　　　(b)

图1-10　斜轴测图
(a) 示意图　(b) 图例

3. 透视投影

透视投影（简称透视图）也是一种单面投影。它是采用中心投影法将空间几何形体连同所选定的直角坐标轴一起，摆放成适当的位置，投影到单一透视投影面P上，以获得能同时反映该形体长、宽、高三度空间形象，且具有近大远小视觉效果的一种表达方法。如图1-11所示。

透视图比较符合人眼的观察实际，因此透视图常作为表达设计对象的效果图。

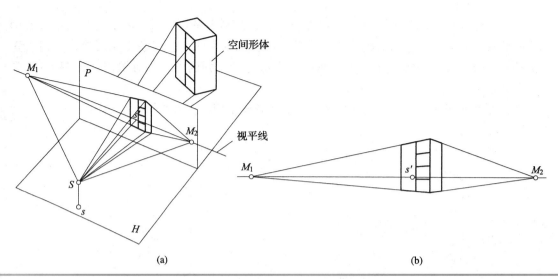

图 1 – 11　透视图

（a）示意图　（b）图例

4. 标高投影

标高投影也是一种单面投影，它具有正投影的某些特征。它是采用在某一面投影的基础上，用数字或符号来标明空间某些点、线、面相对于所选定的基准平面的高度的方法形成的。

例如要表达一处山地，作图时用间隔相等的多个不同高度的水平面截割山地表面，其交线为等高线；将这些等高线投影到水平投影面上，并标出各等高线的高度数值，所得的图形即为标高投影，如图 1 – 12 所示，它表达了该处山地的地形。

标高投影多用于规划设计、公共景观设计等与地理位置有关的设计中。

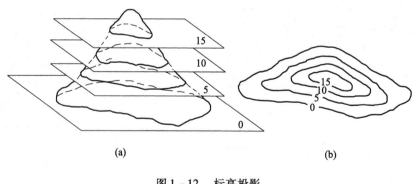

图 1 – 12　标高投影

（a）示意图　（b）图例

第三节　图样绘制方法与步骤

一、徒手绘图

徒手绘图是指不借助于专用绘图工具，仅以铅笔、绘图钢笔等简单工具依靠目测和经验绘制图样的方法，因而所绘出的图也称之为草图。草图一般用于表达新的构思、草拟设计方案、现场参观记录以及创作交流等方面。它只注重表达效果，不拘于表现手法以及严密的制图规范。特点是能简易、快速地反映设计师或用户的信息；缺点是只能用于设计师的创意表达，不能作为生产、施工的依据。徒手绘图最好使用钢笔，初学者也可使用铅笔。钢笔宜用美工笔，铅笔则以铅芯较软一些的为佳。有关徒手绘图的方法和技能将在第十章作详细介绍。

二、尺规作图

利用专用绘图工具，严格遵循国家技术制图标准和行业制图规范绘制图样的方法，我们称之为尺规作图，如图 1－13 所示。它的优点是规范性强，具有通用性；缺点是作图时间较长，费力、费时、效率低。

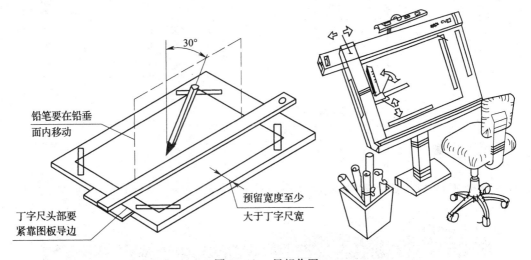

图 1－13 尺规作图

尺规作图方法与步骤：

（1）熟悉制图工具和仪器的正确使用方法，并保持制图工具和仪器的清洁；

（2）根据所需制图内容、大小及数量，选择适当的图纸幅面，并安排好整张图纸中所画图样的位置，做到布局合理，疏密有致；

（3）先用 H 或 2H 铅笔绘制稿线，稿线应以轻而细为原则；

（4）在图线的加深和加粗过程中，应遵循先画细线后画粗线的顺序；铅笔一般采用 B～3B 等较软的铅笔，如果采用墨线加深则应根据线条宽度选择相应型号的针管笔；

（5）各种不同线型相接时，应先画圆及曲线，再接直线段，确保线条流畅，连接光滑；

（6）整张图纸中图样及图线的绘制顺序是先上后下，先左后右，画完一个（或一组）视图后，再画另一个图样；

（7）画完所有图线后，再标注尺寸与相关文字说明，最后写标题及画图框。

三、计算机绘图

计算机绘图是在信息时代计算机技术高速发展的背景下产生的一种新的制图手段。计算机绘图的准确性和可操作性大幅度提高，同时也改善了设计师的工作环境和工作条件，省时、省力、高效。AutoCAD 是以二维绘图和设计为主要功能的软件，也是二维制图最好的软件工具。3DS MAX，Rhino，Pro/Engineer 等软件主要以三维立体造型设计为主，是三维制图理想的软件工具。这些软件因具有交互式绘图、功能强大、用户界面好、系统开放、易于掌握等优点，已成为当今世界上最流行的计算机辅助设计软件。

如图 1-14 是利用 AutoCAD 软件绘制的床头柜的三视图；如图 1-15 是利用 3DS MAX 软件绘制的茶几的三维立体造型，其既可以显示茶几的三视图，也可以显示其透视图，但存在一个缺点，即所绘制的三视图没有线型区分。

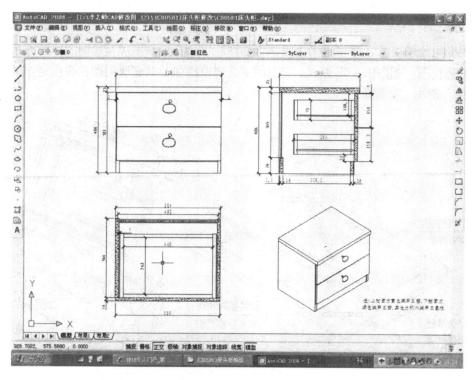

图 1-14　AutoCAD 绘图

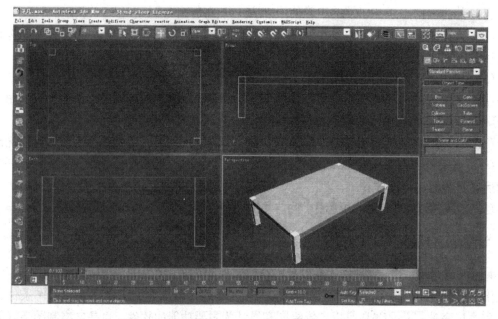

图 1-15　3DS MAX 绘图

有关计算机绘图的方法、步骤和技巧将由专门的课程作详细介绍，本书不再赘述。

计算机技术已经使图样的制作精度大大提高，并且加快了绘制速度和传输效率，但是这并不意味着计算机技术可以彻底取代人的作用。因为一个不懂得图学理论和制图规范的人，是不可能使用计算机绘出正确的图样的。因此每个设计师都要认真学习制图理论知识，努力提高识图、绘图能力。

综上所述，各种绘图方式和工具都有自己的优缺点，关键在于如何有效地把他们结合起来，使之发挥各自的优势，为我们的设计服务。但是，不管哪种绘图方式，都要掌握制图的基本原理，才能更好地表现设计者的意图。

第四节　家具与室内设计程序对图样的要求

一、家具设计程序与内容

设计师面临日新月异的科技发展与急剧变化的市场经济，只有掌握一套系统而完整的设计程序，才能设计出具有开辟潜在市场能力的新产品。现代产品设计是一种有计划、有步骤、有目标、有方向的创造活动。设计程序是依照一定的科学与创造性规律对设计活动的工作步骤的合理安排和策划。每个步骤有着自身要达到的目的，更重要的是将各步骤的目的结合起来，实现整体目的。设计的起点是设计原始数据的收集，其过程是各项参数的分析处理，而归宿是科学地、综合地确定所有的参数，得出设计内容。

家具作为工业产品的一部分，其设计的范围和内容应包括从市场调查到销售策划整个循环过程。家具设计师一般都按以下程序开展工作：设计准备、概念设计、技术设计、施工设计和延伸设计等。

1. 设计准备阶段

产品设计的生命力与竞争力取决于所设计的产品是否真正解决了设计需解决的问题，而不仅仅是形状的千变万化。任何一个产品设计的起因，总是源于人们的需求，需求动机是最基本的内动力。因此，设计准备阶段需要解决的第一个问题就是：确定需求。

设计准备阶段的主要工作内容：设计调查，资料的收集、整理与分析，以及产品决策与需求预测。

设计准备阶段的主要目标：接受设计任务，领会设计意图，明确设计目的，确定设计方向。

2. 概念设计阶段

在充分准备的基础上，明确产品的定位、概念，然后进行设计构思和方案设计是概念设计阶段的主要内容。

产品定位包括产品功能、销售区域、使用对象、产品档次、产品风格以及产能产量等。产品定位明确后就要进行最关键、也是最困难的设计构思。

设计构思通常是在发现了某一个有价值的创意点后，通过各种各样反映思维过程的草图而具体化和明朗化的。多个构思在这一过程中逐渐建立起关联、相互启发、相互综合，从而使设计的概念借助图形化的表达成为几类轮廓分明的构思方案，实现从思维到形象的过渡，不断地从图纸上得到反思和深入思考。

在以凝炼的概念进行设计构思的过程中，为了寻求更多的创新点，思维通常都很开放，不受各种条件的约束，鼓励大胆构思，因此所提出的方案比较零乱。在设计的深入阶段就是要对这些方案进行适当的收敛。从技术可行、人文因素、审美要求、市场经济等方面进行分析、比较、评价、调整，筛选出有发展前途的方案。

概念设计阶段的主要目标：确定产品的功能、形态规格、色彩效果、装饰要素与风格等。

3. 技术设计阶段

设计构思阶段所做的工作重点是放在创新上，得到的是设计对象的一个雏形；在方案设计阶段，着重对产品整体进行协调统一，进行局部完善和各部分之间的协调。经过对构思方案的筛选、调整，产品的样式已基本明确，但还需要进行细节的调整以及技术的可行性研究。技术设计是衔接家具概念设计与施工设计的桥梁，也是发现和解决造型与生产工艺之间矛盾的最佳途径。

技术设计阶段的主要内容：实现产品功能的物质条件、内部结构从概念向现实转化的技术要求。在这个阶段，设计人员要将前面各阶段进行的定性分析转变为定量分析，将造型效果转变为具体的工程尺寸图纸。

技术设计阶段的主要目标：确立构成产品的所有零件。包括零件的材料、形态规格以及零件之间的相互关系和连接方式、结构。

在技术设计阶段，随着设计的进一步展开，与生产实际更加接近，因此，要加强与工程技术人员的交流与合作，使设计更加具体、更加实际。

4. 施工设计阶段

施工设计又称生产工艺设计。其内容主要包括确定产品材料的类型、规格，零件加工工艺路线与装备，材料与加工成本以及产品经济效益分析等。其目标是实现设计的物质化，即由设计作品向物质产品的转换。

传统的生产管理模式通常将这一部分内容划归为技术部门负责。而在进行工艺设计之前，设计部门还需要进行样品制作（俗称打样）或试制，以便对设计作进一步的修改，直到符合工业化生产。在现代化设计、生产管理模式下，利用协同设计、并行设计和虚拟设计技术则无需进行样品制作，有的甚至利用专业软件、CAD/CAM、CIMS 技术可以直接得到零件加工工艺而进行生产。

5. 延伸设计阶段

从企业内部分工的角度看，施工图纸与设计文件完成后，产品设计便完成了。但从企业追求设计效益的目标看，企业产品开发设计还应完成后续设计，达到从"产品"向"商品"的转换。其内容主要包括：包装设计、产品形象设计和产品展示设计等。

（1）包装设计　家具的包装是根据家具的性能，用适当的材料对产品采取的一种保护性措施。其主要目的在于保护产品的内在质量和使用价值，便于流通运输、装卸、存贮保管和销售，起到美化、宣传和推销的作用。

家具包装设计依据其包装材料及包装技术，运用设计规律与美学原理，为家具产品提供简洁美观且安全可靠的包装，并用图纸或模型表达其包装的全过程。家具包装设计与家具产品设计有着密切联系，它为家具产品在储存、运输、销售的过程中提供适度保护，并体现产品的个性、生产单位的企业文化和设计文化。

家具包装设计包含下面几个内容：合理确定家具的组装工艺，绘制组装立体图与拆装立体图，并对所有零部件进行编号标注；在同一包装箱中，选择合适的零部件进行搭配，并确定各零部件在包装箱中的位置及固定方式；选择合适的包装材料，并确定材料的使用规格，制定用料明细表；制作产品说明书；编制条形码信息；包装箱的外形设计与标志牌设计；包装箱上文字及装配使用说明书等的中英文翻译。如图 1 – 16 和图 1 – 17 所示，分别为可拆装家具的包装模式和不可拆装家具的包装模式的示意图。

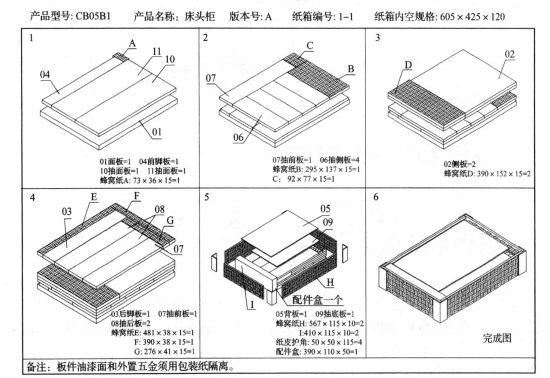

包装示意图

产品型号: CB05B1　　产品名称: 床头柜　　版本号: A　　纸箱编号: 1–1　　纸箱内空规格: 605 × 425 × 120

01面板 = 1　04前脚板 = 1
10抽面板 = 1　11抽面板 = 1
蜂窝纸A: 73 × 36 × 15 = 1

07抽前板 = 1　06抽侧板 = 4
蜂窝纸B: 295 × 137 × 15 = 1
C: 92 × 77 × 15 = 1

02侧板 = 2
蜂窝纸D: 390 × 152 × 15 = 2

03后脚板 = 1　07抽前板 = 1
08抽后板 = 1
蜂窝纸E: 481 × 38 × 15 = 1
F: 390 × 38 × 15 = 1
G: 276 × 41 × 15 = 1

05背板 = 1　09抽底板 = 1
蜂窝纸H: 567 × 115 × 10 = 2
I: 410 × 115 × 10 = 2
纸皮护角: 50 × 50 × 115 = 4
配件盒: 390 × 110 × 50 = 1
配件盒一个

完成图

备注: 板件油漆面和外置五金须用包装纸隔离。

图 1 – 16　拆装家具包装图

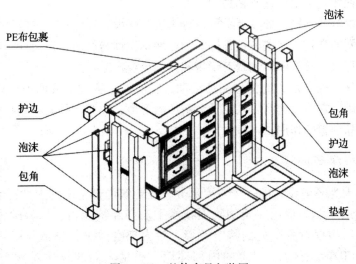

图 1 – 17　整体家具包装图

（2）产品形象设计　企业是靠产品生存的，它因能向社会提供必需的产品而存在。对企业来说，一切宣传都围绕产品，使产品销得出去，为社会所接受。只有企业自身的劳动最终转化为社会劳动，才能取得效益。在这里，首先要靠产品本身的品质来赢得消费者的青睐。

产品形象设计的主要内容是商标设计和质量形象设计。包装设计是商标设计和质量形象设计的"中间地带"，包装既要与商标配合得体，起到扶衬作用，又是产品质量形象的表现要素之一。产品说明书则是产品质量形象的一个直接组成部分。

商标是企业形象和产品形象的象征，它通过独特的符号形式，帮助消费者识别他们所需要的产品，同时也使消费者联想到企业的商业信誉和品牌信誉。图1-18为部分家具企业的形象标志。

图1-18　家具企业标志

质量形象是由一个企业的质量观念、质量管理措施和产品售后服务所共同构成的形象。质量形象设计是产品形象设计的核心内容。它应主要针对质量观念、质量保证过程、质量检测措施和质量监督体系等问题作出设计规划。

（3）产品展示设计　产品的展示是以传递产品信息、满足和推动人们的消费需求为目的的，以直观和生动的形式与消费者进行沟通的活动。产品在有效的包装后，还必须经过销售终端的展示陈列才能更快地达到销售的目的。

根据形式和内容的不同，商业展示可以分为店堂陈设、展览会、展销会、演示会、博览会、发布会等不同的类别。这些各种各样的商业展示设计与产品开发设计一样，它们的主要目的是展示企业形象，直接面对消费者销售和推广企业产品。

产品的展示是一种有目的的信息交流活动，它的作用从大的方面说可以扩大企业知名度；从小的方面讲，它可以起到告之消费者新产品上市、介绍产品的功能和特色、吸引消费者注意和促进产品销售的作用。

二、室内设计程序与内容

室内设计是人为环境设计的一个主要部分，是建筑内部空间的理性再创造。室内设计的含义可以简要地理解为运用一定的物质技术手段与经济能力，以科学为功能基础，以艺术为形式表现，根据对象所处的特定环境，对内部空间进行创造与组织的理性创造活动，形成安全、卫生、舒适、优美的内部环境，满足人们的物质功能需求与精神功能需要。

室内设计的基本范畴可以分为空间形态设计、装修设计、物理环境设计和陈设艺术设计四个方面。

（1）空间形态设计　室内设计需要对建筑所提供的内部空间进行进一步的规划和处理。根据人们在室内空间的功能需求和审美需求，调整空间布局、衔接、尺度、比例和形状，使空间更加合理和美观。

（2）装修设计　装修设计主要是针对围合空间的建筑构件，包括对顶面、墙面、地面、柱体以及对空间进行重新分割限定的实体和半实体界面的设计处理。这些界面的色彩、质地、图案会影响我们对室内空间的大小、比例、方向等方面的感受，是形成空间趣味、风格和整体气氛的重要因素。

（3）物理环境设计　室内物理环境设计是对室内的声环境、光环境、热环境、干湿度、通风和气味等方面进行的设计处理。其目的是营造一个有益于人们身心健康的室内空间。

（4）室内陈设艺术设计　室内陈设艺术设计主要是针对室内家具、陈设艺术品、灯具、绿化以及室内配套纺织品等方面的设计处理。这些物品在满足使用功能的同时，也是形成室内空间的审美和环境氛围的重要因素。

室内设计根据设计进程可以分为设计准备（概念设计）、初步设计（方案设计）、施工图设计和设计实施四个阶段，室内设计的不同阶段有着不同的工作内容。

1. 设计准备阶段

设计准备阶段的主要工作包括设计任务书的制订、项目概念设计和专业协调。室内工程项目的概念设计，实际上就是运用图形分析的方式，对设计项目的环境、功能、材料、风格进行综合分析之后，所做出的空间总体艺术形象的构思设计。

2. 初步设计阶段

初步设计阶段是确定方案的阶段。设计方案的确立应该建立在明确的概念基础上，综合考虑各种因素，并将这些因素经过高度的协调统一，以便达到委托方满意的效果。

3. 施工图设计阶段

室内设计方案经委托者确认之后，即进入施工图作业阶段。如果说概念设计阶段的重点在于构思，初步设计阶段的重点在于表现，那么，施工图设计阶段的重点则在于规范和标准。这个标准是施工的唯一科学依据。

4. 施工实施阶段

施工图绘制完成，标志着室内设计项目实施图纸阶段主体设计任务的基本结束。接下来的工作，主要是和委托设计方和工程施工方的具体协调与指导管理。首先要向施工人员解释设计意图和施工要求；其次要帮助解决施工过程中由于现场具体情况而出现的不合理设计，并对施工图进行调整。

三、设计内容的图样表达

1. 家具设计图样表达

家具设计作为工业设计的重要组成部分，在图样表达方面同样遵循工业设计的表达规律。家具设计在不同的设计阶段，需要根据设计内容选择恰当的表达方式。在创意与概念设计阶段必须以草图或模型来表达设计构思。草图不仅可以帮助设计相关人员理解其创意内容，同时也是设计师在设计创意阶段判定造型、展开设计的必要手段。当方案基本确定后，就应用三视图反复展开、确认造型，为材料、结构等技术设计作准备。在技术与施工设计阶段，为了保证工业化生产，就应利用正投影完整、准确、清晰地表达每一零件的形态与加工要求，同时也应将产品结构、零件之间的接合方式表达清楚。到商品化阶段主要借助透视图、效果图来展示产品的形象并对其进行宣传。家具设计程序、内容与设计表达的关系可参考表 1 - 1。

表 1-1　　　　　　　　　　设计程序、设计内容与设计表达的关系

	设计程序（过程）	设计内容	设计表达
1	设计准备	设计调查、资料收集整理与分析、产品决策、需求预测	设计速写、调查表
2	概念设计	—	构思草图、设计草图（透视图、设计图）、模型、方案效果图
3	技术设计	结构、连接方式、零件形态规格、接口配件等	正投影图、结构装配图、零件图、大样图、配件清单（明细表）
4	施工设计	零件加工工艺（材料、设备、流程）	工艺流程图、工艺卡片、开料图
5	延伸设计	包装设计、形象设计、展示设计	包装展开图、产品爆炸图（装配示意图）、展示效果图或模型、平面广告、多媒体展示

2. 室内设计图样表达

室内设计的最终结果是包括了时间要素在内的四维空间实体，而室内设计则是在二维平面作图的过程中完成的，显而易见，这是一项非常困难的任务，因此调动所有可能的视觉图形传递工具，就成为室内设计绘图作业的必需。常用的表现技法有：徒手画，正投影图（平面图、立面图、剖面图、节点详图等），透视图和轴测图。徒手画主要用于平面功能布局和空间形象构思的草图作业；正投影图主要用于方案与施工图的作业；透视图则是室内空间视觉形象设计方案的最佳表现形式。

室内设计的绘图过程基本上是按设计思维的过程来进行的。平面功能布局与空间形象草图是概念设计阶段图面作业的主体。这一阶段绘制的图纸一般都是供设计者自我交流的草图，只要能表达出自己看得懂的完整的空间信息就可以了。

初步设计阶段的方案图具有双重作用。一方面它是设计概念思维的进一步深化，另一方面它又是设计表现最关键的环节。因此，图样的绘制要能准确表达设计意图，并能够展现室内空间的真实景况。一套完整的方案设计图应该包括平面图、立面图、效果图（透视图）及相应材料的样板图和简要说明。

一套完整的施工图纸应该包括三个层次的内容：界面材料与设备位置、界面层次与材料构造、细部尺度与图案样式。因而，图样表达方式除了基本视图外，还应有剖视图、节点详图、施工流程图以及材料使用说明等。

设计每一阶段的图面作业，在具体的实施过程中并没有受严格的控制，为了满足设计思维的需要，不同图解语言的融合穿插是室内设计图面作业经常采用的一种方式。

第五节　识图

制图和识图（看图）是学习本课程的两个重要环节，制图是将空间形体按正投影方法表达在图纸上，是一种从空间到平面的表达过程；而识图是制图的逆过程，识图要求根据平

面图形利用投影规律想象出空间形体的结构形状。一般来讲，识图比制图更需要有空间想象能力。要准确、迅速地看懂图纸，不仅需要综合运用线、面、体投影特性和投影规律，而且还应掌握识图的要点、基本方法，只有不断实践，才能逐步提高识图水平。

一、识图的基本知识

（一）将几个视图联系起来分析

在一般情况下，仅由一个视图不能确定形体的形状，只有将两个以上的视图联系起来分析，才能弄清物体的形状。如图 1-19 所示的一组视图中，主视图都相同，但联系图 1-19 的俯视图与左视图分析，则可确定是三个不同形状的形体。因此看图时应将几个视图联系起来进行分析、构思，才能准确地确定形体的空间形状。

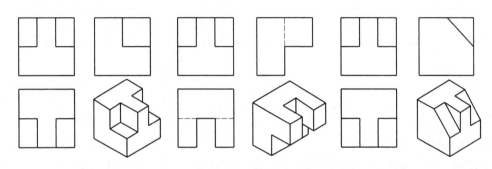

图 1-19 将几个视图联系起来看

（二）善于捕捉特征视图

捕捉特征视图就是要找出最能反映物体形状特征或位置特征的那个视图，从而建立组合体的主要形象。一般情况下，主视图往往是特征视图。图 1-20 的主视图就是形状特征视图，左视图是位置特征视图。

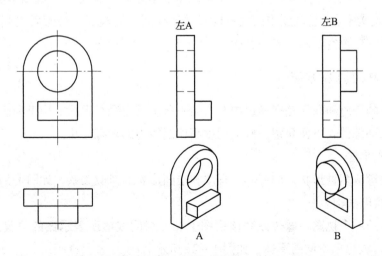

图 1-20 特征视图

（三）理解视图中图线和线框的含义

1. 视图中图线的含义

（1）一条直线或曲线可以表示平面或曲面的积聚性投影，如图 1-21（b）所示，1 表示侧平面的积聚性投影；图 1-21（c）中 2 表示铅垂的圆柱面投影。

（2）直线也可以表示两表面交线的投影，如图 1-21（c）中 3 表示肋板和圆柱面的交线。

（3）直线还可以表示曲面转向轮廓线的投影，如图 1-21（c）中 4 表示圆柱面的转向轮廓线。

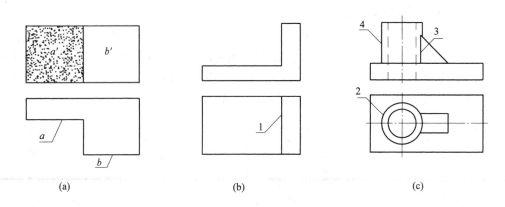

(a)   (b)   (c)

图 1-21　理解图线和线框的含义

2. 视图中线框的含义

线框是指图上由图线围成的封闭图形，在识图过程中，必须理解线框的含义。

（1）一个封闭的线框表示形体的一个表面（平面或曲面）。如图 1-21（a）所示主视图中的 b′ 封闭线框表示形体的前平面的投影。

（2）相邻的两个封闭线框，表示形体上位置不同的两个面。如图 1-21（a）所示主视图中的相邻两个线框 a′ 和 b′，在俯视图中可见，表示一前一后两个平面的投影。

（3）封闭线框内所包含的各个不同的小线框，表示在立体上凸出或凹下的各个小立体。如图 1-21（c）所示，俯视图中的大线框表示带有圆孔的底板，中间两组相接的线框，表示在底板上叠加一个空心圆柱和一肋板。

二、识图构思的训练方法

学会积极的构思和联想是提高识图能力的一条重要途径，识图的构思和联想是要通过一些基本方法来训练的，下面介绍一些常用提高识图能力的训练方法。

1. 弯丝构形法

利用铁丝弯成多种形状，训练其三视图和空间形状的对应关系，如图 1-22 所示。

2. 一个视图的构思法

已知形体的一个视图，通过改变该视图上相邻封闭线框所表示面的位置及形状（应与投影相符），可构思出不同的形体，如图 1-23 所示。

3. 两个视图构思法

已知形体的两个视图，根据第三视图的对应关系，可构思出不同的形体。如图 1-24（a）所示是按叠加方式构成不同的左视图；图 1-24（b）是按切割方式构成不同的左视图；图 1-24（c）是已知俯、左视图，按综合方式构思出不同的主视图。

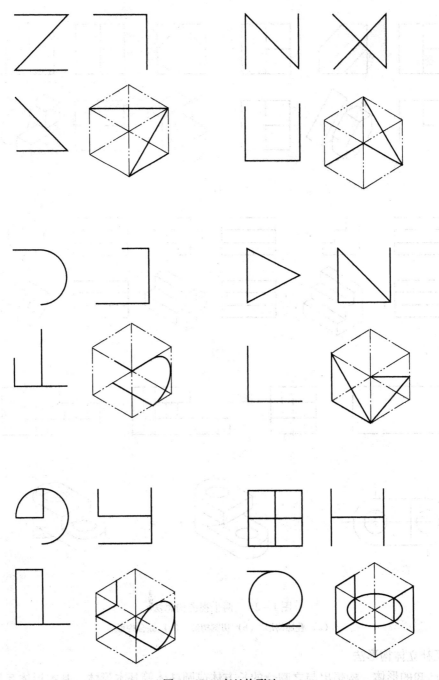

图1-22 弯丝构形法

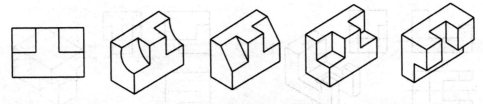

图1-23 一个视图对应若干形体

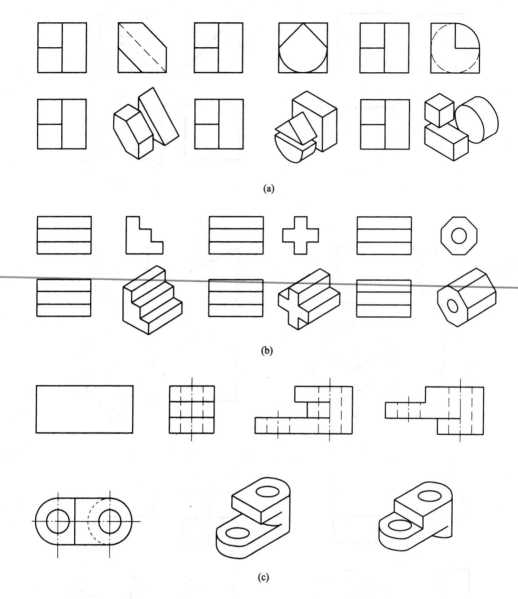

(a)

(b)

(c)

图 1-24　两个视图构思法

（a）叠加构形　（b）切割构形　（c）综合构形

4. 互补立体构形法

根据已知的形体，构想出与之吻合的长方体或圆柱体等基本形体，基本形体互补构成另一形体，如图 1-25 所示。

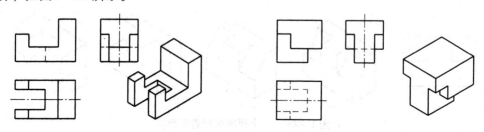

(a)

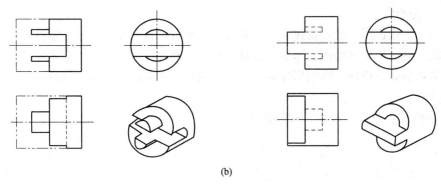

(b)

图 1 - 25　互补构形法

（a）长方体互补　（b）圆柱体互补

三、识图的基本方法

组合体的识图主要有形体分析法和面形分析法，方法的选择与组合体的构成有关。以叠加为主的组合体视图的阅读，主要运用形体分析方法，以线面分析法攻难点。通过对投影分形体、综合各组成形体和相互位置想整体。对切割式组合体的阅读，主要运用面形分析法。通过对投影分面形、综合各表面的形状和位置想整体。读图的过程，一般从特征视图入手，先粗略读，后细读；先读易懂的形体，后读难懂的形体。遇到难点时，可采用"先假定后验证，边分析边想象"的方法来突破。为了提高组合体的读图效率，必须熟悉基本形体的投影、面的投影特性和面的投影作图；对基本形体之间的表面过渡关系也要很熟练，如截交线、相贯线等。

1. 形体分析法

用形体分析法看图，即从表达特征明显的主视图入手，通过封闭的线框对照投影，将组合体分解为若干个基本形体，逐个想象出各部分形状，最后综合起来，想象出组合体的整体形状。

如图 1 - 26 中，先把主视图分为五个封闭的线框（四种不同的部件），然后分别找出这些线框在俯视图及左视图中的相对投影。根据各基本形体的投影特点，可确定出此物体是由两个水平方向的长方体（支架、座垫），两个垂直方向的矩形立方体（左右扶手），和一个底面为梯形的四棱柱（靠背）所组成。最后根据各基本形体的位置，即可想象出该物体的总体形状（沙发）。

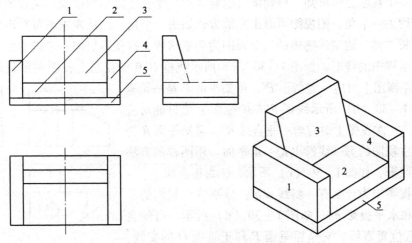

图 1 - 26　沙发投影图的识读

2. 线面分析法

用线面分析法识图，是把物体表面分解为线、面等几何要素，通过分析这些要素的空间位置、形状，从而想象出物体的形状，这种读图方法称为线面分析法。在看挖切类形体和较复杂的不易用形体分析法分析的形体时，主要运用线面分析法来分析。运用线面分析法，应注意以下两点：

（1）分析面的形状，如图 1-27 所示。

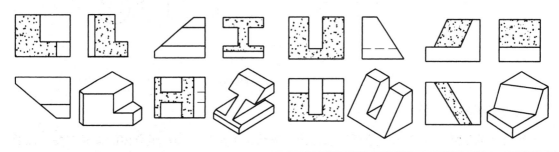

图 1-27　斜面的投影为类似形

（2）分析面的相对位置，如图 1-28（a）所示 A 是正平面，B 是侧垂面居中；图 1-28（b）所示 A 是侧垂面，B 是正平面居中。

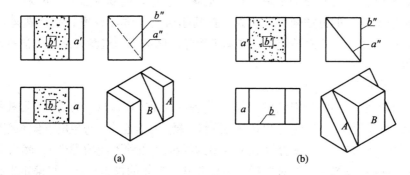

(a) (b)

图 1-28　分析面的相对位置

（a）面相对位置一　（b）面相对位置二

分析阅读图 1-29 所示物体的视图。根据物体被切割后仍保持原有物体投影特征的规律，由已知三个视图分析可知，该物体可以看成由一个长方体切割而成。主视图表示出长方体的左上方切去一个角，俯视图可看出左前方也切去一个角，而从左视图可看出物体的前上方切去一个长方体。切割后物体的三个视图为何成这样，这就需要进一步进行线、面分析。

先分析主视图的线框，如图 1-30（a）所示线框 P' 在俯视图上投影关系只能对应一斜线 P，而在左视图上对应一类似形 P''，可知平面 P 是一铅垂面；又如图 1-30（b）所示线框 R' 在俯视图上也只能对应一水平线 R，在左视图上对应着一垂直线 R''，可知平面 R 为一正平面，主视图的另一线框也是一正平面。用同样的方法分析俯视图线框，如图 1-30（c）所示，Q 为正垂面。

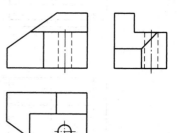

再如左视图中为什么有一斜线 $a''b''$？分别找出它们的正面投影 $a'b'$ 和水平投影 ab，如图 1-30（d）所示，可知直线 AB 为一般位置直线，它是铅垂面 P 和正垂面 Q 的交线，如图 1-31 所示。

图 1-29　线面分析法识图图例

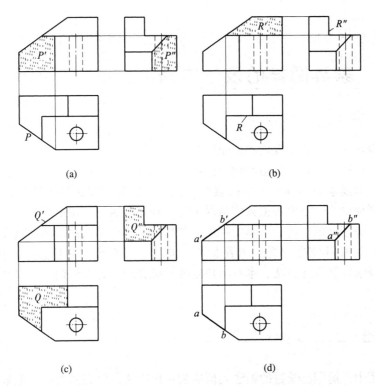

图 1 - 30 识图时的线、面分析
（a）主视图分析一 （b）主视图分析二 （c）俯视图分析 （d）左视图分析

通过上述线面分析，可以弄清视图中各个线、面的含义，也就有利于想象出由这些线面围成的物体的真实形状，如图1 - 31 所示。

四、识图的步骤

识图的一般步骤：

（1）根据视图与尺寸，初步了解物体的大概形状和大小，从主视图入手，用形体分析法分析它由哪几个基本形体组成，或用线面分析法分析各个面的形状和位置；

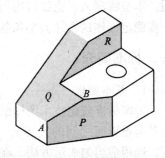

图 1 - 31 物体的立体图

（2）形体分析或线面分析 对物体各组成部分的形状和线面位置逐个进行分析；

（3）综合想象 通过形体分析和线面分析，了解各组成部分的形状和位置、各组成部分的相互关系及产生的交线，从而想象出整个物体的形状；

（4）画出左视图 识图要领概括成三句话：分线框、对投影，按投影、定形体，想细部、出整体。

第二章 家具图样的表达方法

无论何种设计图样，其主要内容总是图形。用图形表达产品，以及产品中的零部件，包括外形与结构，以适应设计、制造和检验的需要。由此可见，我们画产品图样首先要明确所画图样的功能，以及绘制图样所采用的表达方法。例如为了表达外观造型只需要画外形视图，而外形视图要画几个还要根据具体情况来定。在完全表达清楚的前提下，还要求能提高制图效率，不要画多余的、可以不画的视图；再如要表达产品内部结构，就需要用剖视的方法去画等。《技术制图标准》《家具制图标准》规定了一系列的表达方法，其中包括视图、剖视、剖面等画法以及标注方法，本章将按制图标准介绍这方面的内容，以及阐述如何在实际中应用。

第一节 视图

在家具制图中，运用已学过的画法几何中的正投影法，以观察者处于无限远处的视线来代替正投影中的投射线，将产品向投影面作正投影时，所得到的图形称为视图。因此，家具制图中的视图，就是画法几何中的正投影图。画法几何中有关正投影的投影特性均适用于视图。本节将深入讨论如何用图形来表达形体的内、外形状，并在此基础上标注尺寸，从而进一步确定形体的实际大小和各部分的相对位置。

一、标准简介

1. 基本要求

国家标准规定技术图样的绘制应采用正投影法，并优先采用第一角画法（物体处于观察者与投影面之间的投影）。绘制技术图样时，应首先考虑看图方便，根据物体的结构特点，选用适当的表示方法。在完整、清晰地表示物体形状的前提下，力求制图简便。

2. 视图选择

表示物体信息量最多，且最能反映物体特征的那个视图应作为主视图，通常是产品的工作位置、加工位置或安装位置。但也有特殊情况，如家具产品中的支撑类家具（椅子、沙发、床等）则以产品的侧面作为主视图投影方向。

当需要其他视图（包括剖视图和剖面图）时，应按下述原则选取：在明确表示物体的前提下，使视图（包括剖视图和剖面图）的数量为最少；尽量避免使用虚线表达物体的轮廓及棱线；避免不必要的细节重复。

试想：什么样的几何体只用一个视图加上尺寸标注就可表达清楚？

3. 视图的类型

视图通常有基本视图、向视图、局部视图和斜视图。

二、基本视图

在设计制图中，对于某些复杂产品仅用三面投影显然是不可能将其完整、清晰地表达出来的。因而需要增加新的投影面，画出新视图来表达。一个物体有六个面，也就有六个基本投射方向，相应地分别垂直于六个基本投射方向的投影面就可构成六个基本投影面。

分别将物体向基本投影面投射，就可得到六个基本视图。自前方投射得到的投影为主视图（或正立面图）；自上方投射得到的投影为俯视图（或平面图）；自左方投射得到的投影为左视图（或左侧立面图）；自右方投射得到的投影为右视图（或右侧立面图）；自下方投射得到的投影为仰视图（或正底面图）；自后方投射得到的投影为后视图（或背立面图）。以上括号内名称为建筑图的称谓。

物体在基本投影面上的投影称为基本视图。

基本投影面的展开方法：主视图所在投影面不动，其他投影面依次展开，如图 2 - 1 所示。

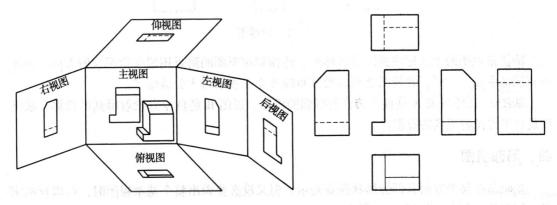

图 2 - 1　基本视图的展开及配置关系

展开后基本视图的配置关系如下：

以主视图为基准，

——俯视图在主视图的下方；

——左视图在主视图的右方；

——右视图在主视图的左方；

——仰视图在主视图的上方；

——后视图在左视图的右方。

在同一张图纸内，按以上图示位置配置视图时，一律不标注视图的名称。六个基本视图的位置不能任意挪动。

基本视图之间存在如下对应关系：

（1）度量对应关系　仍遵守"三等"规律，即：主、俯、仰、后视图等长，主、左、右、后视图等高，左、右、俯、仰视图等宽；

（2）方位对应关系　左、右、俯、仰四个视图中靠近主视图的一侧为物体的后面，而远离主视图的一侧为物体的前面。根据《中华人民共和国国家标准 GB/T 14692—2008 技术制图　投影法》的规定，在视图中，应用粗实线画出物体的可见轮廓。

三、向视图

向视图是可自由配置的视图。设计制图中，通常采用以下表达方式：在向视图的上方注"×"（"×"为大写拉丁字母），在相应视图的附近用箭头指明投射方向，并标注相同的字母。若六个基本视图不能按图 2 - 1 所示位置配置时，可按图 2 - 2 所示方式表示。

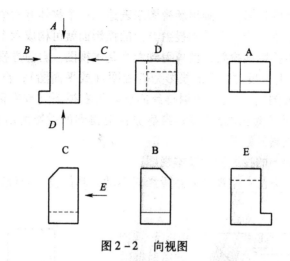

图 2-2　向视图

除了在视图的上方标注视图的名称外，还在相应视图的附近用箭头指明投射方向，并标注相同的字母。这样，各视图之间的投影对应关系就表示得十分清晰了。

如图 2-2 中视图 A 是自上方投射得到的投影，视图 B 是自左方投射得到的投影，视图 D 是自下方投射得到的投影。

四、局部视图

当产品在某个方向有部分形状需要表示，但又没必要画出整个基本视图时，可以只画出基本视图的一部分，如图 2-3 所示。

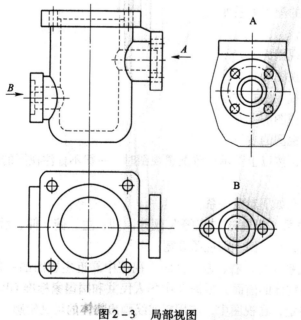

图 2-3　局部视图

主视图和俯视图表示了产品的主要组成、结构和形状，只需再将左、右两侧法兰的形状通过左视图和右视图表示出来，产品的形状就完全清楚了。此时可仅将法兰部分向基本投影面投射，画出该局部的视图。

如图 2-3 中，右侧法兰沿 A 向投射，得到视图 A。左侧法兰沿 B 向投射，得到视图 B。

将物体的某一部分向基本投影面投射所得的视图称为局部视图。视图 A 与视图 B 均为局部视图。

绘制局部视图时，必须进行标注，以说明该视图与其他视图的关系。

在视图的上方标注"×"（"×"为大写拉丁字母），在相应视图的附近用箭头指明投射方向，并标注相同的字母，字母均应正写。

局部视图中局部形体的边界线画成波浪线或双折线。图 2 - 3 中，视图 A 中边界线为波浪线。当所表示的局部结构是完整的、且外轮廓线成封闭时，波浪线可以省略。视图 B 中的波浪线省略了。

局部视图可以按基本视图的配置形式配置，也可以按向视图的配置形式配置，本例为后者。

为了节省绘图时间和图幅，对称构件或零件的视图可只画一半或四分之一，并在对称中心线的两端画出两条与其垂直的平行细实线，如图 2 - 4 至图 2 - 6 所示。

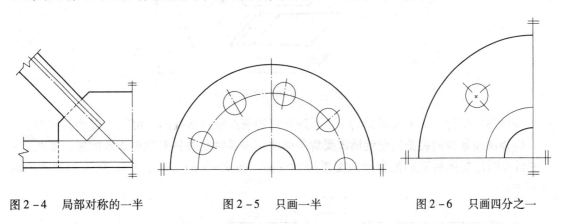

图 2 - 4　局部对称的一半　　　　图 2 - 5　只画一半　　　　图 2 - 6　只画四分之一

五、斜视图

当产品的表面与基本投影面成倾斜位置时，在基本投影面上的投影不能反映该表面的实形，如图 2 - 7 所示。

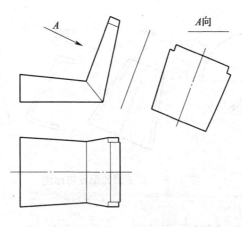

图 2 - 7　斜视图

图中沙发的靠背与任何基本投影面均倾斜，它在基本投影面内的投影不能反映实形。那么如何才能得到它的实形呢？采用更换投影面的方法，增设一个辅助投影面，使它与倾斜表面平行，那么倾斜部分在辅助投影面内的投影就能反映它的实形了。

如图 2 - 8 所示：

作辅助投影面与倾斜表面平行；

将倾斜部分沿垂直于辅助投影面的方向——A 向投射；

在辅助投影面内得到倾斜部分投影：视图 A。

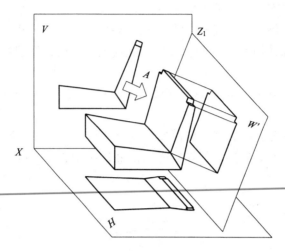

图 2 - 8　斜视图投影原理

物体向不平行于基本投影面的平面投射所得的视图称为斜视图。视图 A 即为斜视图。

斜视图通常按向视图的配置形式配置并标注，必要时允许将斜视图旋转配置。如图 2 - 9 中斜视图是按向视图的配置形式配置并标注的。图 2 - 9 的（a）、（b）图为斜视图的旋转配置。

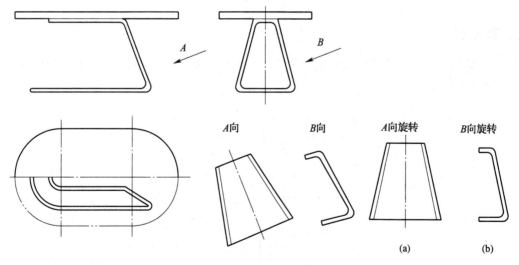

图 2 - 9　斜视图的配置与标注

旋转配置的标注方法：

（1）画旋转符号或加注"旋转"两字；

（2）视图名称的大写字母靠近旋转符号的箭头端，也允许将旋转角度标注在字母之后。旋转符号的画法如图 2 - 10 所示。

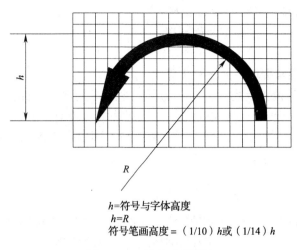

h=符号与字体高度
h=R
符号笔画高度 =（1/10）h或（1/14）h

图 2 - 10　旋转符号画法

第二节　剖视图

一、剖视图的概念与画法

当产品（或零件）的内部形状比较复杂时，基本视图中表示内部形状的虚线会给看图和标注尺寸带来不便。为了解决这个问题，让其内部结构能够直接展现出来，《中华人民共和国国家标准》《技术制图图样画法》中规定采用剖视的表达方法。

1. 剖视图的概念

请看图 2 - 11。

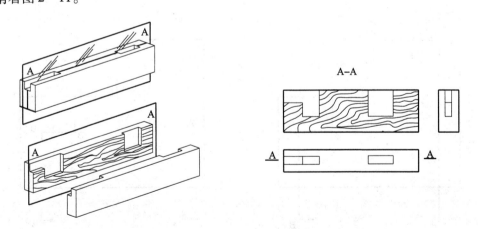

图 2 - 11　剖视图的概念

为了表达家具零件中榫眼的形状，假想用一个平面沿零件的对称面将其剖开。这个平面为剖切面。将处于观察者与剖切面之间的部分形体移去，再将余下的部分形体向投影面投射，所得的图形称为剖视图。剖切面与物体的接触部分称为剖面区域。

综上所述，剖视的概念可以归纳为三个字：

（1）"剖"　假想用剖切面剖开物体；

（2）"移"　将处于观察者与剖切面之间的部分移去；

（3）"视"　将其余部分向投影面投射。

所得的图形为剖视图，剖视图简称剖视。

2．剖视图的画法

画剖视图时，必须掌握以下方法和步骤：

（1）确定剖切面的位置及投射方向　为了在主视图上反映零件榫眼的实际大小，剖切面应通过榫眼轴线并平行于 V 面；以垂直于 V 面的方向为投射方向；

（2）将处于观察者与剖切面之间的部分移去后，画出余下部分在 V 面的投影；必须注意剖切面之后部分的所有可见轮廓线的投影，不要漏线；

（3）在剖面区域内画出剖面符号。

3．剖视图的标注

为了能够清晰地表示出剖视图与剖切位置及投射方向之间的对应关系，便于看图，画剖视图时应将剖切线、剖切符号和剖视图名称标注在相应的视图上。

剖视图的标注一般包括以下内容：

（1）剖切线　指示剖切位置的线（用点画线表示）；

（2）剖切符号　指示剖切面起、止和转折位置及投射方向的符号；剖切面起、止和转折位置，用粗短实线表示；投射方向，用箭头或粗短线表示，家具制图中若剖视图按基本视图位置配置，投射方向也可省略；

（3）视图名称　一般应标注剖视名称"×－×"（"×－×"为大写拉丁字母或阿拉伯数字），而在相应视图上用剖切符号表示剖切位置和投射方向，并标注相同的字母。

剖切符号、剖切线和字母的组合标注如图 2－12（a）所示。剖切线也可省略不画，如图 2－12（b）所示。当剖切面的位置清楚明确时，允许省略剖切符号，包括字母。

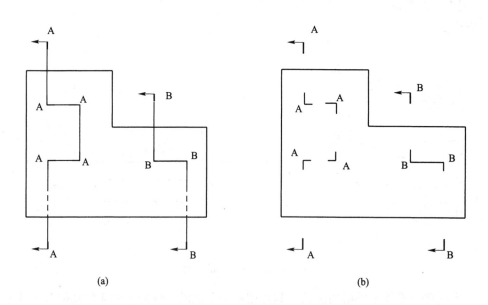

(a)　　　　　　　　　　　　(b)

图 2－12　剖切符号、剖切线和字母的组合标注

（a）未省略剖切线　（b）省略剖切线

4．画剖视图应注意的问题

（1）剖切面一般应通过物体的对称平面或轴线，并应平行或垂直某一投影面；

（2）请注意剖视概念中的"假想"二字　剖视图是作图时假想用剖切面将物体剖开得

到的，事实上物体并未被剖开，也未被移走一部分，因此在某视图经剖视后，其它视图不受影响，仍按完整的物体画出，如图 2 - 11 中零件的俯视图；

（3）在剖视或视图上已表达清楚的结构形状，在其他剖视或视图上此部分结构的投影若为虚线时，该虚线不应画出，对于没有表达清楚的结构形状，应继续剖视；

（4）位于剖切面后面的形体，其可见部分的投影应全部画出，不能遗漏，这点要特别注意，如图 2 - 13 所示；

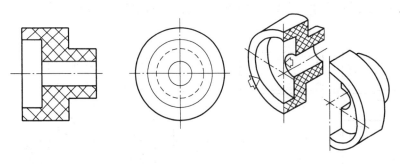

图 2 - 13　剖切平面后的可见轮廓线问题

（5）剖视图的配置　基本视图配置的规定同样适用于剖视图，剖视图应按投影关系配置在与剖切符号相对应的位置，必要时允许配置在其他适当的位置；

（6）与剖切面接触的部分必须画出剖面符号，当不需在剖面区域中表示材料类别时，剖面符号可采用通用剖面线表示，通用剖面线应以适当角度的细线绘制，最好与主要轮廓或剖面区域的对称线成 45°；同一物体的各个剖面区域，其剖面线画法（方向、间隔）应一致，若需在剖面区域中表示材料类别时，应采用特定的剖面符号表示，特定剖面符号由相应的标准确定（参考本章第三节），或必要时也可在图样上用图例的方式说明。

二、全剖视图

剖视图分为全剖视图、半剖视图和局部剖视图三类。用剖切面完全地剖开物体所得的剖视图称为全剖视图，如图 2 - 14 所示。

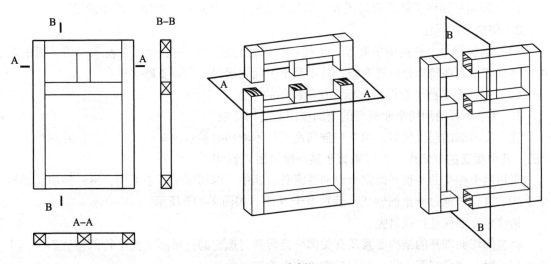

图 2 - 14　全剖视图

全剖视图可用下列剖切方法获得：单一剖切面剖切、几个平行的剖切平面剖切以及几个相交的剖切面（交线垂直于某一投影面）剖切。

（一）单一剖切面剖切

用一个剖切面将产品（零件）完全地剖开获得全剖视图。

单一剖切面剖切的全剖视图的适用范围：从上述图 2 – 14 看出，当产品的外形较简单、内部较复杂而图形又不对称时，常采用这种剖视。但外形简单而又对称的产品，为了使剖开后图形清晰、便于标注尺寸，也可以采用这种剖视。如图 2 – 15 所示。

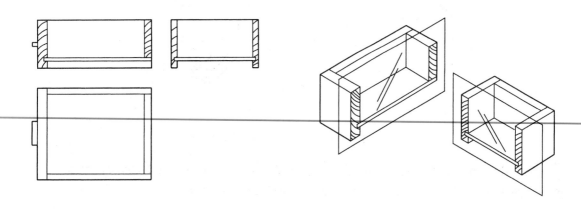

图 2 – 15   用全剖视表示简单对称的物体

（二）几个平行的剖切平面剖切

用两个平行于 H 面的剖切平面分别沿柜子的上部和下部完全地剖开，并向 H 面投射，得到如下图形，如图 2 – 16 所示。

这种用几个平行的剖切平面剖切物体获得的全剖视图的方法，在家具制图中又称阶梯剖视。

1. 画图时应注意的问题

（1）剖切平面转折处必须是直角，转折边必须对齐；

（2）剖切平面转折处不应与图样中的轮廓线重合，并且在剖视图上不能画线。

2. 剖视图的标注

（1）剖切符号   在剖切平面起、止和转折位置标注相同的字母，以表示剖切平面的名称；当剖切平面在转折处位置有限，且不至于引起误解时，允许省略字母；

（2）剖视图名称   视图名称标注在剖视图的上方。

3. 几个平行的剖切平面剖切的全剖视图的适用范围

当产品内部的层次较多，用单一剖切面剖切不能同时显示出来时，可采用这种剖视。

（三）几个相交的剖切面（交线垂直于某一投影面）剖切

采用两个相交的剖切平面完全地剖开家具，其中一剖切面平行于 V 面，另一剖切面倾斜于 V 面，其交线通过圆桌的轴线，且垂直于 H 面，如图 2 – 17 所示。

请注意：如何进行投射呢？

将被剖切面剖开的结构要素及有关部分旋转到与选定的投影面 V 面平行的位置后再向 V 面进行投射，家具制图中将这种剖视方法称为旋转剖。

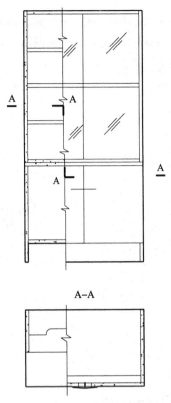

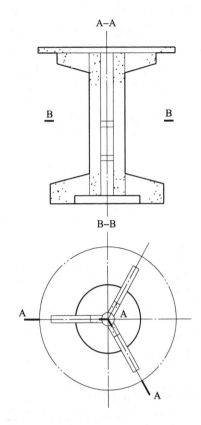

图 2 - 16　几个平行的剖切平面剖切　　图 2 - 17　几个相交的剖切面剖切

1．画图时应注意的问题

（1）采用几个相交的剖切面剖切的方法绘制剖视图时，先剖切后旋转再投射。即：先假设按剖切位置剖开物体，然后将被倾斜剖切面剖开的结构要素及有关的部分旋转到与选定的投影面平行，最后再进行投射；

（2）两剖切面的交线一般应与物体的轴线重合；

（3）位于剖切面后面的其它结构一般仍按原位置投射；

（4）当剖切后将产生不完整要素时，应将此部分按不剖绘制。

2．剖视图的标注

（1）剖切符号　在剖切面起、止和转折位置标注相同的字母，以表示剖切面的名称；当剖切面在转折处位置有限，又不至于引起误解时，允许省略字母；

（2）剖视图名称　在剖视图的上方标注视图名称。

三、半剖视图

当物体具有对称平面时，向垂直于对称平面的投影面上投射所得的图形，可以以对称中心线为界，一半画成剖视图，另一半画成视图，这种剖视图称为半剖视图。同样，产品的俯视图左右也是对称的，也可以用半剖视图表示。

由于图形对称，因此表示外形的视图中的虚线不必画出。同样，表示内形的剖视图中的虚线也不必画出。

注意：俯视图必须标出剖切位置，想想为什么。

请看图2-18，请你观察该产品的结构形状有何特点。

产品的左右方向和前后方向均具有对称平面。由于产品的结构左右对称，因此产品的主视图外形是左右对称的，主视图的全剖视图也是左右对称的。那么，主视图就可以以对称中心线为界，一半画成剖视图，另一半画成视图。如图2-18所示。

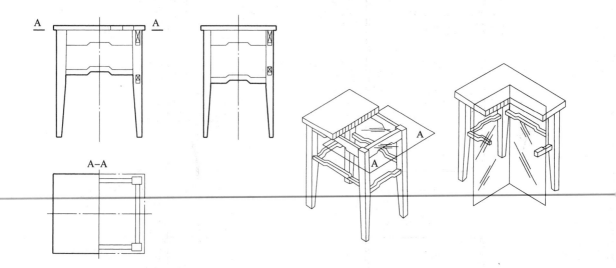

图2-18　半剖视图的形成

1．画图时应注意的问题

（1）半剖视图的分界线是点划线，它是该视图的对称中心线；

（2）哪一侧画成剖视图呢？习惯将图形的右侧、前侧画成剖视图。请看图2-18中产品的主视图和左视图。

2．半剖视图的标注

半剖视图的标注规则与全剖视图相同。不要以为只剖切一半，就将剖切符号画到中间去，剖切符号仍与全剖视图一样横贯图形，以表示剖切面的位置。

图2-18中，主视图的剖切面与产品前后方向的对称面重合，且视图按投射方向配置，则剖切符号和视图名称均可省略。而产品的上下方向没有对称面，因此俯视图必须标出剖切位置及视图名称。但由于视图是按投射方向配置的，则方向线可以省略。

3．半剖视图的适用范围

当产品的内部、外形均需表达，而其形状又具有对称平面时，常采用半剖视图。若产品的形状接近对称，并且不对称部分已另有图形表达清楚时，也允许采用半剖视图。

四、局部剖视图

用剖切面局部地剖开物体，所得的剖视图称为局部剖视图。局部剖视图用波浪线或双折线分界，以示剖切范围。

1．局部剖视图的标注

对于剖切位置明显的局部剖视图，一般都不标注，如图2-19所示。

2．画局部剖视图应注意的问题

（1）表示剖切范围的波浪线或双折线的画法　不应与图样中的其他图线重合；当被剖结构为回转体时，允许将该处结构的中心线作为局部剖视与视图的分界线；不能超出轮廓线或穿空而过；

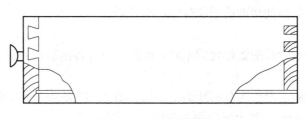

图 2-19　局部剖视图

（2）在同一视图中采用局部剖视的数量不宜过多，以免使图形支离破碎，影响视图的清晰。

3．局部剖视图的适用范围

局部剖视图是一种灵活的表示方法，适用范围比较广，在何处剖切、剖切范围多大均应视具体情况而定，下面列举几种常用的情况：

（1）产品仅局部内部（结构）需剖切表示，而又不宜采用全剖视图时取局部剖视图，如图 2-19 所示；

（2）对称产品的轮廓线与中心线重合，不宜采用半剖视图时，应采用局部剖视图；

（3）脚、腿、拉手等零件上有孔、榫槽需表达时，应采用局部剖视图。

第三节　断面图与剖面区域的表示法

一、断面图

（一）概念

假想用一剖切面把物体切开，只画出切口的真实形状，并画上剖面符号，这种图叫断面图，简称断面，也称剖面图。断面图常用于表达零件中某一局部的断面形状，如腿、拉手或装饰件等。如图 2-20 所示的腿，左端有两个相互垂直的榫眼，主视图上仅能表示出榫眼的形状和位置，但不能表示其深度，如采用左视图表示，则将出现虚线，不太清晰，这时，可假想在榫眼中心处，用一个剖切平面垂直于轴线将腿剖开，画出剖切所得的断面图形，并加上剖面符号。这样，就清楚地表达出榫眼的深度情况了，见图 2-20。

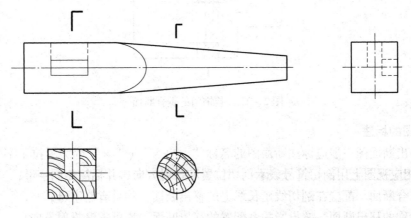

图 2-20　断面图的概念

当图样上需要表达的只是物体某些结构的断面形状，而不必画出剖视图时，可采用断面的方法。断面图与剖视图的区别是断面图仅画出断面的图形，剖视图不仅要求画出零件被截断面的图形，还需要画出剖切面后面零件的所有投影。

（二）断面图的种类

根据断面图在绘制时所配置位置的不同，断面图分为移出断面和重合断面两类。

1. 移出断面

画在视图之外的断面图称为移出断面。显然，图2-20所示为移出断面。

（1）移出断面的画法　移出断面的轮廓线用粗实线绘制；

（2）移出断面的配置　移出断面应尽量配置在剖切线的延长线上，断面对称时可画在视图的中断处，必要时可将断面配置在其他适当位置；在不致引起误解时，允许将图形旋转，但必须标注旋转符号；

（3）有关规定　当剖切面通过榫眼的横截面，导致出现完全分离的两个断面时，榫眼的横截面应按剖视绘制。如图2-20所示。

2. 重合断面

画在视图之内的断面图称为重合断面。重合断面图只有当断面形状简单而又不影响基本视图清晰时方可使用。下面列举的为重合断面的示例。

重合断面图的画法：

重合断面的轮廓线，在家具制图中用细实线绘制，如图2-21所示。当视图中的轮廓线与重合断面的图形重叠时，视图中的轮廓线仍应连续画出，如图2-22所示。

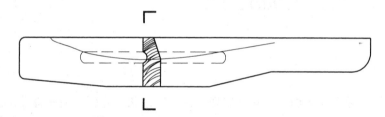

图2-21　拉手的重合断面

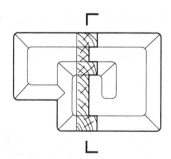

图2-22　装饰门的重合断面

（三）断面图的标注

（1）移出断面图一般应标注断面图的名称"×-×"（"×"为大写拉丁字母或阿拉伯数字），在相应视图上用剖切符号表示剖切位置和投射方向，并标注相同字母；

（2）重合断面、配置在剖切线延长线上的移出断面，均可省略字母；

（3）对称的移出断面、按投影关系配置的移出断面，均可省略投射方向；

（4）对称重合断面、配置在剖切线延长线上的对称的移出断面，以及配置在视图中断处的对称的移出断面均不必标注。

二、剖面符号

当家具、家具零部件画成剖视图或断面图时，假想被切到的部分一般要画出剖面符号，以表示剖面的形状范围以及零件的材料类别。《家具制图标准》规定各种材料的剖面符号画法如表2－1所示，剖面符号所用线型基本上是细实线。室内装饰材料的剖面符号画法将在后续章节中介绍。

表 2－1　　　　　　　　　　家具材料的剖面符号规定画法

序号	名称	图例	说明
1	木材（方材）横断面		三种方法都可以用，但同一幅图形上要统一画法，且年轮线用徒手画出
2	木材（板材）横断面		年轮线用徒手画出
3	木材纵向剖切面		若因木材纵向剖面符号影响图面清晰时，允许省略不画
4	胶合板剖面		两种画法均可，其中斜线都与水平呈30°倾斜，一般画成三层，再注明总厚度和层数
5	基本视图上的胶合板		图形比例和胶合板厚度较小时，剖面符号可以省略不画
6	细木工板的横断面		上下两条细线，中间每格接近正方形，代表内部的小木条
7	细木工板的纵剖面		纵剖时矩形比例大约为1∶3
8	基本视图上的细木工板		图形比例较小的画法，即免画面板
9	覆面刨花板剖面		中间为短横加点，徒手绘制
10	基本视图上的覆面刨花板		基本视图上覆面刨花板表面单板线省略不画

续表

序号	名称	图例	说明
11	纤维板剖面	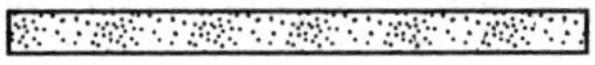	中间用点表示
12	金属材料剖面		用45°细线表示，当剖面图形厚度小于2mm时，涂黑表示
13	塑料、有机玻璃、橡胶		用45°斜方格表示
14	软质填充材料：泡沫、棉花、织物等		用45°斜方格中加点表示
15	空心板剖面	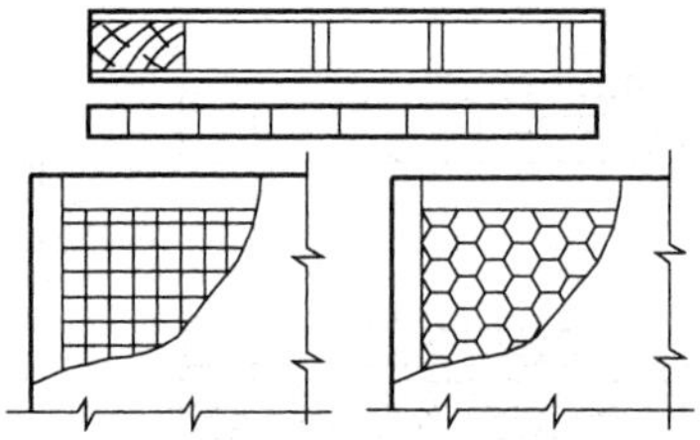	空心板中的内部结构也可以用局部视图的方法表示
16	玻璃图例及剖面	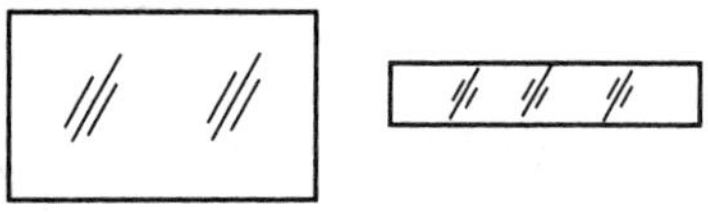	三条不同长度的细实线，与轮廓线呈30°或60°倾斜
17	镜子图例及剖面	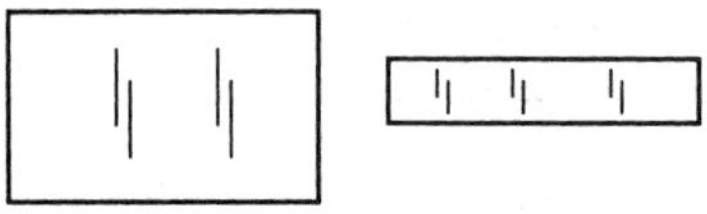	两条细线为一组，与主轮廓线呈90°，注意不要与主轮廓线接触，以免与基本视图上空心板混淆
18	纱网图例及剖面	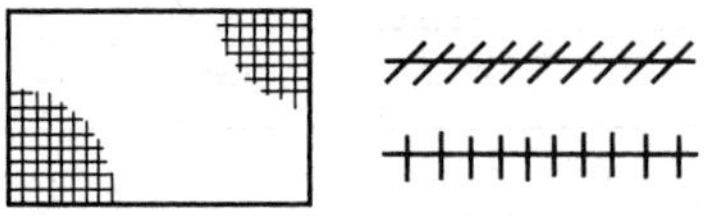	包括金属和其他材料的纱网，图示的两种画法均可
19	竹编、藤织图例及剖面	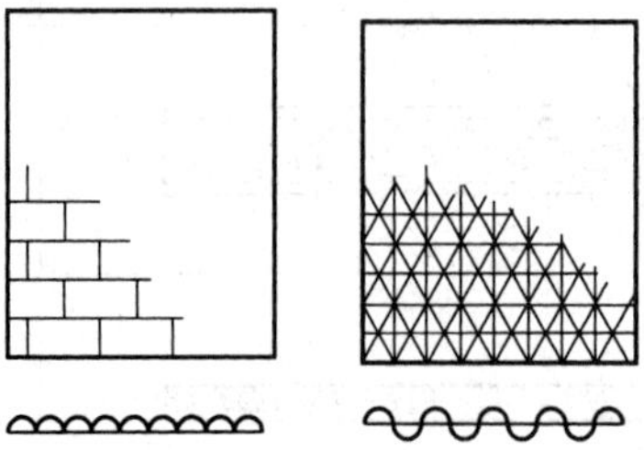	上部分是图例，下部分是剖面符号

续表

序号	名称	图例	说明
20	弹簧的示意画法	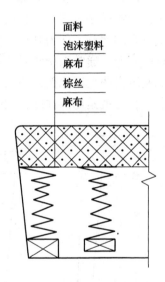	—

软体家具及装修图样上的材料还可以用文字依次注明，如图 2 – 23 和图 2 – 24 所示。当剖面面积较大时，剖面符号可以只画一部分，一般画在图的两端，如图 2 – 25 所示。

图 2 – 23　用文字表示家具材料

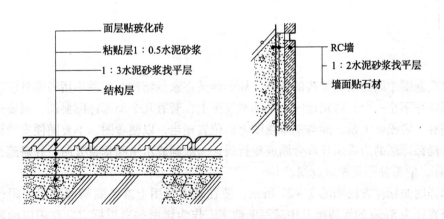

图 2 – 24　用文字表示室内装饰材料

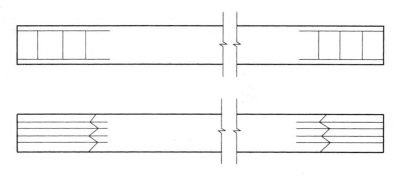

图 2 - 25　剖面符号的省略画法

第四节　局部详图

由于家具产品的尺寸相对于图纸来说一般都要大得多，避免因画得过大给看图、画图、图样管理等造成不便，表示产品整体结构的基本视图，必然要采用一定的比例缩小。但是对于产品的结构，一些显示装配连接关系的部分，却因缩小了比例而在基本视图上无法画清楚或因线条过密而不清晰。为解决这一问题，通常采用画局部详图的方法来表达，即把基本视图中要详细表达的某些局部，用比基本视图大的比例，如采用1:2或1:1的比例画出，其余不必要详细表达的部分用折断线断开，这就是局部详图，如图 2 - 26 所示。

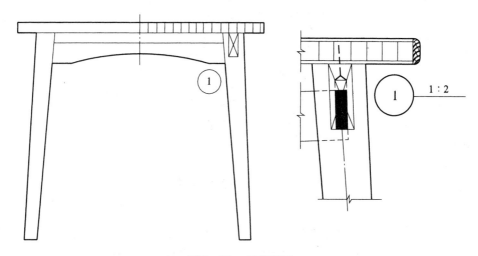

图 2 - 26　局部详图

在家具制图中因为家具结构的特点，局部详图在家具结构装配图中用得非常广泛。图中局部详图往往不止一个，特别是同一个基本视图上，若有几个局部详图要画，则要注意使各详图之间有一定投影关系，即与基本视图上的位置相当，以便看图，不要随便安排详图的位置。每个局部详图的边缘断开部分画成双折线，一般画成水平和垂直方向，并略超出轮廓线外 2 ~ 3mm，空隙处不要画双折线。

局部详图的标注方法如图 2 - 27 所示。要在基本视图上准备画局部详图的附近标注代号，一个直径为 8mm 的实线圆，中间写上数字，作为详图的索引标志。在相应的局部详图的附近画上一个直径为 12mm 的粗实线圆，中间写上相同的数字以便查找，粗实线圆外右侧中部画一水平细实线，上面写局部详图采用的比例，这就是局部详图的图名标注规定。

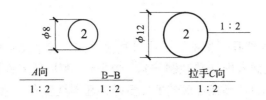

图 2 - 27 局部详图的标注

与基本视图可见轮廓线用实线画出不同，局部详图的可见轮廓线要用粗实线画出。

局部详图画法一般与基本视图上某局部完全相同，如都画成剖视或都是外形。但由于基本视图图形小，细节部分往往不画，画了反而影响图面清晰，就要靠局部详图来画全结构，如图 2 - 26 所示，桌面的封边结构、望板的断面形状、榫接合的形式等都是在基本视图中因比例小而被省略了的。

必要时，局部详图还可采用多种形式出现，如基本视图某局部处是外形，局部详图可以画成剖视。此外，甚至基本视图上没有的，也可以画出其局部详图，这就是以局部剖视形式出现的详图，如图 2 - 28 所示，画图时要注意必须标出详图所用比例。

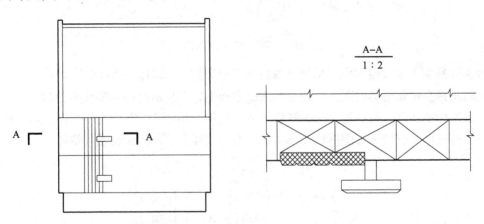

图 2 - 28 局部详图的剖视形式

第五节 家具连接的规定画法

家具是由一定数量的零件、部件连接装配而成的产品。连接方式有固定式，也有拆装式。例如胶接合、榫接合、铆接、钉接合、金属零件的焊接等，这些都是固定式接合；拆装式连接则大量应用五金连接件（包括螺纹连接、偏心机构连接、倒刺与胀管连接等）。总之，连接的方式、应用什么连接件，对于家具的造型、功能、结构、生产率等有着十分重要的意义。特别是结构的改变，必须要有相应的连接方式的配合，现代工业化大批量生产的家具更是离不开合理的连接方式。同时，对于传统家具的一些连接方式至今仍有着相当大的使用范围，我们也必须对其进行研究探讨，尤其是传统结构现代化的问题。

《家具制图标准》对一些常用的连接方式，如榫、螺钉、圆钉、螺栓等连接的画法都作了规定。近年来随着生产的需要，家具五金工业已初步形成，连接件品种繁多，为了提高制图效率、缩短设计周期，必须对已经普遍使用的连接件连接画法进行研究，规范整理，希望能成为大家共同遵循的标准画法。

一、榫接合

榫接合是指榫头嵌入榫眼（榫槽）的一种连接方式。其中榫头可以是整体榫（零件本身的一部分）；也可以是插入榫（单独制作），如圆榫。利用插入榫连接时，相连接的两零件都只需打眼（即打榫眼）。榫接合形式多种多样，基本类型有三种，如图2-29所示。图中从左至右依次是直角榫、燕尾榫和圆榫的投影图和接合直观图。

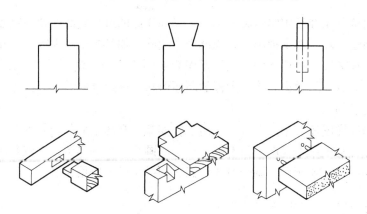

图2-29　榫接合类型

榫接合是实木家具结构中应用最普遍的不可拆连接。《家具制图标准》规定，当画榫接合时，表示榫头横断面的视图上，榫端要涂以中间色，以显示榫头的形状类型和大小。也可以用一组平行细实线代替涂色，细实线数不少于三条，如图2-30中的左视图所示。画榫接合时，木材的剖面符号尽可能用相交细实线，不用纹理表示，以保持图形清晰。

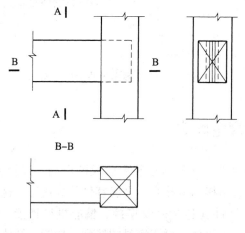

图2-30　榫接合的规定画法

当用可拆连接如木销定位时，要注意与圆榫的区别，如图2-31所示。画木销剖面符号时，用与零件轮廓线成45°倾斜的两垂直相交细实线。而圆榫则按上述榫接合画法画三条以上平行细实线或涂成中间色。

图2-32中标出了（a）单榫、（b）双榫、（c）圆榫以及（d）榫头有长短时的连接画法。注意榫头有长短时，只涂长榫的端部，如图中（d）的画法。

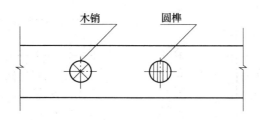

图 2-31 木销与圆榫的不同画法

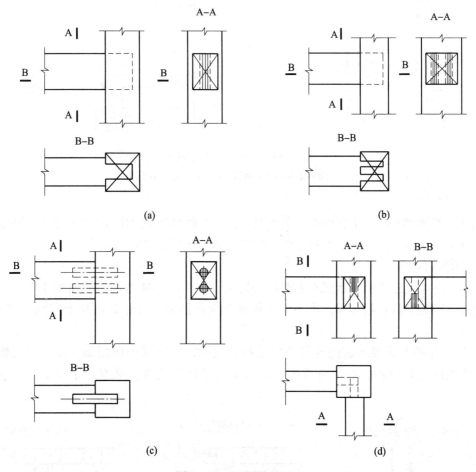

图 2-32 不同榫的画法

（a）单榫 （b）双榫 （c）圆榫 （d）榫头长度不同

二、家具常用连接件的规定画法

家具上一些常用连接件如木螺钉、圆钉和螺栓等，《家具制图标准》都规定了特有的画法。在局部详图或比例较大的图形中，它的画法如图 2-33 所示。

1. 螺栓连接

中间粗虚线表示螺杆，其中与之相垂直的不出头粗短线为螺栓头，另一头的两条粗短线，长的为垫圈，短的为螺母。螺栓头和螺母的画法，分别见图 2-33（a）中左右两图。

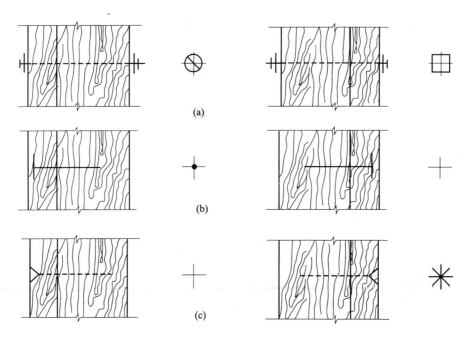

图 2-33　常用连接件的画法

(a) 螺栓连接　(b) 圆钉连接　(c) 木螺钉连接

2．圆钉连接

钉头一端是细实线，十字中有一个小黑点，反方向则只画细实线十字以定位；全剖的主视图上表示钉头的粗短线画在木材零件轮廓线内部，见图 2-33（b）。

3．木螺钉连接

用 45°粗实线三角形表示沉头木螺钉的钉头，钉头的左视图为一粗实线十字，相反方向视图是 45°相交两短粗实线。为不至于误解及定位需要，常还画出细十字线。见图 2-33（c）。

在基本视图上要表示这些连接件位置和数量时，则可以一律用细实线十字和细实线（另一个视图上）表示，必要时再用引出线加文字注明连接件数量、名称，如图 2-34 所示。

图 2-34　常用连接件在基本视图上的表示

三、家具专用连接件连接的规定画法

随着板式可拆连接和自装配式家具的兴起，家具专用连接件近年来发展迅速，种类越来越多。这里介绍的几种可拆连接件画法只是《家具制图标准》中已作出规定画法的少数几种，对于新出现的连接件，其画法可参照标准已有画法的规定简化画出，再附以必要的文字说明。几种专用连接件连接的画法如图 2 - 35 所示。

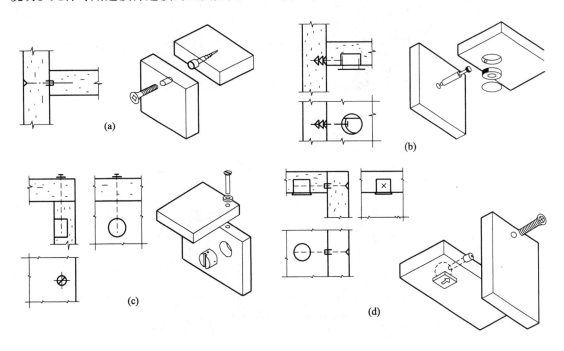

图 2 - 35 家具专用连接件画法

（a）空心螺钉连接件 （b）带塑料盖的偏心连接件 （c）圆柱型螺母连接件 （d）对接式连接件

图 2 - 35 所示都是局部详图中的简化画法。基本视图上画法可参照常用连接件画法规定，即细实线十字再加上引出线文字注明。

对于杯状暗铰链可按图 2 - 36 画法。从图中可以看到外形简化了，固定或调节用的螺钉位置要画出。图中右下方较小的图是在基本视图上的画法，可见是更为简化的示意图。画其他各种不同杯状暗铰链时就可按以上简化原则来画。要说明是哪一种，则要画引出线再加上文字说明（型号规格）等。此外，抽屉滑道的画法如图 2 - 37 所示。

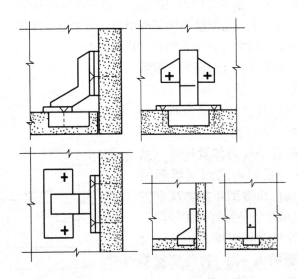

图 2 - 36 杯状暗铰链的画法

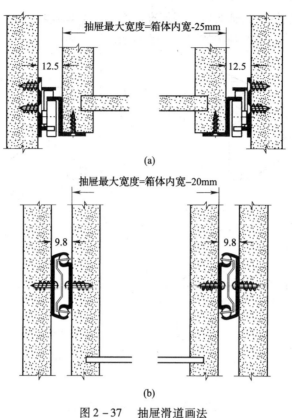

图2-37 抽屉滑道画法

（a）托底式抽屉滑道的画法 （b）侧装式抽屉滑道的画法

第六节 第三角画法简介

一、第三角画法概述

《国家标准 GB/T 17451—1998 技术制图》中规定，我国技术图样应采用正投影法绘制，并优先采用第一角画法。国际标准（ISO）中规定，第一角画法和第三角画法在国际技术交流和贸易中都可采用。采用第一角画法的国家有中国、俄罗斯、德国、法国等，采用第三角画法的国家有美国、日本、加拿大、澳大利亚、新加坡等。

为适应国际科学技术交流，我们应当了解第三角画法，现将第三角画法的特点简介如下。

三个相互垂直的平面将空间划分为八个分角，分别称为第一角、第二角、第三角……（图2-38）。第一角画法是将物体置于第一角内，使其处于观察者与投影面之间（即保持人—物—面的位置关系）而得到正投影法的方法（简称 E 法）。第三角画法是将物体置于第三角内，使投影面处于观察者与物体之间（假设投影面是透明的，并保持人—面—物的位置关系）而得到正投影的方法（简称 A 法）。

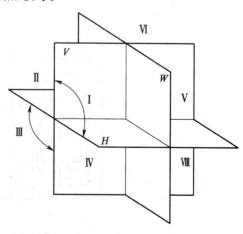

图2-38 八个分角的划分

二、第三角画法原理

1. 投影方法

将物体置于第三角内，假定各投影面均是透明的，按照观察者—投影面—物体的相对位置关系，隔着"玻璃"看物体，将物体的轮廓形状映在物体前的"玻璃"（投影面）上，如图 2 – 39 所示。

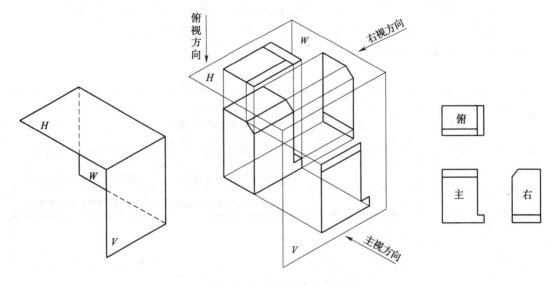

图 2 – 39　物体的第三角投影

2. 6 个基本视图的形成及名称

主视图：按第三角画法，从前向后投影，在前面（V 面）上得到的视图称为主视图。

俯视图：按第三角画法，从上向下投影，在顶面（H 面）上得到的视图称为俯视图。

右视图：按第三角画法，从右向左投影，在右面（W 面）上得到的视图称为右视图。

后视图：按第三角画法，从后向前投影，在后面上得到的视图称为后视图。

仰视图：按第三角画法，从下向上投影，在底面上得到的视图称为仰视图。

左视图：按第三角画法，从左向右投影，在左面上得到的视图称为左视图。

3. 各视图之间的关系

（1）位置关系　以主视图为基础，俯视图在其正上方；仰视图在其正下方；右视图在其正右方；左视图在其正左方；后视图在左视图的左方，也可置于右视图右方。

（2）尺寸关系　每个视图反映物体两个方向的尺寸：主视图反映长和高；右视图反映宽和高；俯视图反映长和宽；后视图反映长和高；左视图反映宽和高；仰视图反映长和宽。视图之间的"三等"度量关系与第一角画法是一致的，即主视图、俯视图、仰视图、后视图"长对正"；主视图、左视图、右视图、后视图"高平齐"；左视图、右视图、俯视图、仰视图"宽相等"。

（3）方位关系　每个视图反映物体的 4 个方位：主视图和后视图反映物体的上、下、左、右方位；右视图和左视图反映物体的上、下、前、后方位；俯视图和仰视图反映物体的左、右、前、后方位。

注意：第三角画法的 6 个基本视图中，以主视图为基准，围绕它的 4 个视图中，靠近主视图的一侧表示物体的前面，远离主视图的一侧表示物体的后面。

4．第三角投影与第一角投影的比较

第一角画法和第三角画法的投影面展开方式及视图配置如图2-40所示。仔细比较可以看出，两种画法中6个基本视图及其名称都是相同的，相应视图之间仍保持"长对正、高平齐、宽相等"的对应关系。

它们的主要区别是：

（1）视图的名称和配置不同　在第三角画法中，V 面上所得的投影称为主视图，H 面上所得的投影称为俯视图，W 面上所得的投影称为右视图。各视图之间保持投影关系，投影展开后，俯视图在主视图的上方，右视图在主视图的右方。由于投影面的展开方向不同，所以视图的配置关系也不同，可参看表2-2和图2-40。

表2-2　　　　　　　　　　　第一角、第三角画法各视图的配置关系

第一角画法 （以主视图为基准）	第三角画法 （以主视图为基准）	第一角画法 （以主视图为基准）	第三角画法 （以主视图为基准）
俯视图配置在主视图的下方	俯视图配置在主视图的上方	右视图配置在主视图的左方	右视图配置在主视图的右方
左视图配置在主视图的右方	左视图配置在主视图的左方	仰视图配置在主视图的上方	仰视图配置在主视图的下方
		后视图配置在主视图的右方	后视图配置在主视图的右方

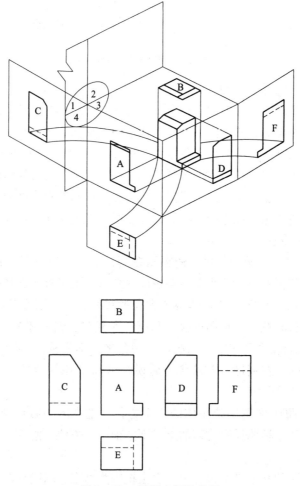

图2-40　视图之间的关系

（2）视图中对应的前后关系不同　在第三角画法中，H 面向上旋转，W 面向右旋转，与 V 面展开成一个平面图。因此，俯视图的下方和右视图的左方都表示机件的前面；俯视图的上方和右视图的右方，都表示机件的后面。

第三角画法也有 6 个基本视图，其配置形式如图 2 - 40 所示。采用第三角画法绘制图样时，必须在标题栏附近画出第三角画法的识别符号。

5. 第三角投影法的标记

国际标准（ISO）中规定，当采用第一角或第三角画法时，必须在标题栏中专设的格内画出相应的识别符号，如图 2 - 41 所示。由于我国仍采用第一角画法，所以无需画出识别符号。当采用第三角画法时，则必须画出识别符号。

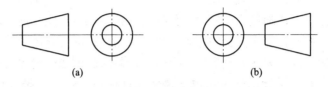

(a)　　　　　　　　　　(b)

图 2 - 41　第一角和第三角画法识别符号

（a）第一角画法识别符号　（b）第三角画法识别符号

第三章　家具制图

家具作为工业产品的一部分，其设计的范围和内容应包括从市场调查到销售策划整个循环过程。家具设计师一般都按以下程序开展工作：设计准备、概念设计、技术设计、施工设计和延伸设计等。不同的设计阶段均以相应的图样为主要媒介对设计思想和方案进行阐述。在每一设计阶段，图又会伴随过程的始终，例如进入技术设计阶段，需要进行必要的构件受力分析、连接强度分析等，根据分析的结果，再对初始设计进行修改和优化，所有这些都需要用图来描述和表达。设计表达的过程实际上也是产品形态创造的过程，是对产品形态进行推敲、进行研究的过程，设计师的思路也正是依托这样一个过程，被开启、被深化、被实现的。

产品设计的过程是一个多次反复、循序渐进的组合过程，每一个阶段都需解决不同的问题。由于思考的重点不同，表达目的与内容也不同，也就有了不同的表现形式和要求。根据每个阶段图样的作用和表现目的，可将家具设计过程的图样分为三大类：设计图、工程图和商业图。设计图是思维过程和设计结果的呈现，主要类型有设计草图和设计方案表现图；工程图是设计物化的表达和生产技术的指导，主要包括结构装配图、零部件图、大样图等；商业图则是产品销售和用户使用的说明，它包括产品包装图、拆装图和商业展示图。

第一节　家具设计图

家具设计图是反映设计人员构思、设想的家具图样。最初，根据用户要求、使用功能、环境、艺术造型以及综合选择已有的素材、资料等，构思家具草图，再根据草图修改后按一定比例画出设计表现图。设计草图和设计表现图有多种不同表现形式。设计草图按功能可分为记录性草图和研究性草图；按表现内容和形式可分为概念草图、形态草图、结构草图。设计草图的核心功能是捕捉设计灵感、阐释设计概念、初步拟定设计方案。设计表现图一般可分为效果图和方案设计图。设计表现图是用于呈现设计方案和设计效果的展示性图样，供决策者审定。因而，设计表现图不仅要求绘制全面、细致，有准确的说明性，而且还要有强烈的真实感和艺术感染力。绘制设计图可以使用多种手段以达到理想的效果，例如采用铅笔画、钢笔画、马克笔淡彩、水彩渲染、水粉重彩、喷绘等。随着计算机绘图技术的发展，AutoCAD、3DS MAX 等绘图软件得到了普及运用，这不仅大大缩短了设计周期，减轻了设计师的工作强度，大大提高了设计工作的质量和效率，也丰富了设计图的表现手段。

一、设计图的特点

1. 真实

通过色彩、质感的表现和艺术的刻画达到产品的真实效果。设计图最重要的意义在于传达正确的信息，让人们正确地了解到新产品的各种特性和在一定环境下产生的效果，便于各类人员都看得懂并理解。设计领域里准确很重要，它应具有真实性，能够客观地传达设计者的创意，忠实地表现设计的完整造型、结构、色彩、工艺精度，从视觉的感受上，建立起设计者与大众之间的媒介。所以，没有正确的设计图表达就无法进行正确的沟通和判断。

2. 快速

现代产品市场竞争非常激烈，有好的创意和发明，必须借助某种途径表达出来，缩短产品开发周期。无论是独立的设计，还是推销你的设计，面对客户推销设计创意时，必须互相提出建议，把客户的建议立刻记录下来或以图形表示出来，快速的描绘技巧便是非常重要的手段。

3. 美观

设计效果图虽不是纯艺术品，但必须有一定的艺术魅力，便于同行和生产部门理解其意图。优秀的设计图本身是一件好的装饰品，它融艺术与技术为一体。设计表现图是一种观念，是形状、色彩、质感、比例、大小、光影的综合表现。设计师为使构想实现、被接受，还需有说服力。同样设计创意的设计图，在相同的条件下，具有表现美感的作品往往胜算在握。设计师想说服各种不同意见的人，利用美观的设计图能轻而易举达成协议。具有美感的设计图应干净、简洁有力，悦目、切题，这些代表设计师的工作态度、品质与自信力。

4. 说明性

图形学家告诉我们，最简单的图形比单纯的语言文字更富有直观的说明性。设计者要表达设计意图，必须通过各种方式提示说明。如草图、透视图等都可以达到说明的目的。尤其是彩色表现图，更可以充分地表达产品的形态、结构、色彩、质感、体量感等，还能表现无形的韵律、形态性格、美感等抽象的内容。所以，设计图具有高度的说明性。

二、设计草图

设计草图是设计人员徒手勾画的一种图样，表现方式多种多样，不拘一格。草图要求设计师在最短的时间内，以快速、简捷的语言记录下产品的造型、色彩、比例、材质等基本信息，清晰地表达自己的设计理念。草图绘制也是设计师对设计对象进行构思和推敲的过程，并整理、引导设计使设计思维清晰化。因而，设计草图的图面上往往会出现文字的注释、尺寸的标注、色彩的推敲、结构的展示等，有时看起来甚至有些杂乱，但实际上它正是设计师对设计对象的理解和推敲过程的体现。常见的草图类型有概念草图、形态草图和结构草图。

概念草图注重设计师构思的概念表现，直取设计创意的本质，对产品的造型、色彩、材质等细节不作苛求。它往往是仅凭直觉的，是从抽象到具体的一种研讨。这种概念草图集成了设计师对于产品的理解，是一种高度凝炼的研究性图示语言。

形态草图是设计师推敲形态、深化设计、记录思考的过程。草图的绘制是轻松而自由的。形态推敲还需要一系列的形态草图来辅助思考，设计师的工作是在这些图形的基础上进行再创造，这些图形也记录着整个设计思考的全过程。

结构草图主要是为了解剖分析产品的功能、结构，所以通常对产品的重要局部结构进行放大，用来说明比较重要和复杂的设计节点问题，相对较为严谨。结构草图对于设计者思路的拓展和经验的积累具有重要作用。

设计草图的表现方法较为简单、快捷，在整个的设计过程中起着重要的不可或缺的作用。这种快速简便的方法有助于最初创意思维的扩展和完善，它不仅可在很短的时间里将设计师头脑中闪现的每一个灵感快速地用可视的形象展现在二维的媒介上，而且还可以通过设计草图对已有的构思过程进行分析、总结，进而产生新的构思，直到取得满意的设计概念。

这时的构思草图主要用于项目小组或设计师的自我交流，即草图主要是画给自己看的。所以画法较为随意，往往几根线条、几个符号就能表达意义。当概念基本确定，进行形态推敲和形态研究时，根据表达的内容和部位在透视图与基本视图中做合理选择，并适当辅以色彩和文字。结构草图主要是表达局部的，可以选用透视图表达，但更多的是用剖视图进行表达，如图 3 – 1 所示。

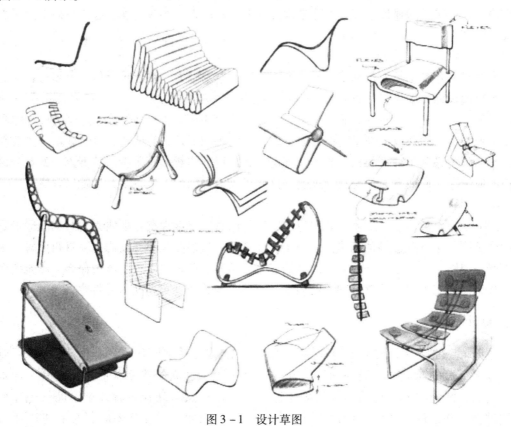

图 3 – 1　设计草图

　　绘制设计草图的基本技法包括工具的选择、用笔的技巧、构图的选择、光影的描绘等。有关设计草图的绘制技法将在第十章中作详细介绍。

　　1. 透视图

　　透视图是设计图中重要的图形，为迅速表达设计者的构思，设计草图中的透视图一般都用徒手勾画，即画成透视草图形式。工具多采用铅笔和钢笔，尤其是铅笔，因铅笔易于修改、使用简便。画设计草图时，透视图作为表现家具形态的主要形式常要画许多，为了方便研究经常是一张纸画一个，并编号，也可一张纸画几个。为了显示家具功能、造型效果等，家具透视图还可画成使用状态中的。透视草图除一般以单线条表现外观轮廓外，也常画出阴影和其他线条以突出主题效果和显示表面材料质感，如图 3 – 2 所示。

　　2. 视图

　　透视图虽然形态生动逼真，但要反映家具各表面的比例和划分就显得不能满足需要。特别是设计要求还常包括一些尺寸数据，如最大轮廓尺寸、功能尺寸等。也只有画出如主视图、左视图这样一些基本视图才能比较可靠地研究各部分的比例。因此设计草图还需要画各种视图，当然也是徒手画。为便于掌握尺寸比例，可在专用的方格纸上作草图。方格的大小以 5mm × 5mm 或 10mm × 10mm 为宜，过小过大都不太适用。

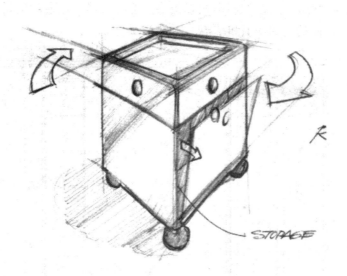

图 3-2 透视草图

视图的画法最好用第一角画法,这样便于绘制其他各种生产图样。由于要求出图迅速,所以徒手勾画,因此即使在方格纸上画也不要过于拘谨,视图的大致轮廓画成后,再作些必要的修正。

3. 尺寸

设计草图上的尺寸比较少,但却是设计要求的重要尺寸,是考虑家具造型、结构等的依据之一。其中如外形总体尺寸,某些满足使用要求的功能尺寸,这里的功能尺寸例如桌面高、椅座高、衣柜中挂衣空间的高和深、书柜中层板间隔的高和书柜净深等,这些都与使用直接相关。

三、设计表现图

设计表现图,是设计师向其他人员阐述设计对象的具体形态、构造、材料、色彩等要素时,与对方进行更深入的交流和沟通的重要表达方式;同时,也是设计师记录自己的构思过程、发展创意方案的主要手段。所以,设计表现图通常都需按规定画法进行表达。设计表现能力是设计人员必备的专业技能之一,设计表现图中效果图的绘制技法有专门的课程进行学习,本书仅作简单介绍。

1. 方案设计图

通过对设计草图中许多方案的选择和比较,确定最佳方案后,就可以按一定的比例和尺寸先画出方案设计图。由于方案设计图需要按尺寸画图,在满足设计要求的前提下,应进一步考虑使用材料的种类和尺寸,考虑合适的几何图形,如黄金比、根号矩形的应用等,还要对家具内部结构、连接方式有个初步设想,这样家具各部分的大小会有一些相应的调整空间,而这种调整空间是必要的,有利于家具设计方案的实现,避免由于制造过程中发生因工艺上的问题而作较大幅度的修改。

方案设计图一般只要画出家具的外形视图,家具的内部结构如属于一般,基本上是不需画出的。为了尽可能保持外形视图的完整(尤其是表面具有装饰线条),即使需要表示内部使用功能方面的设计,如门内抽屉、隔板的配置、挂衣空间的尺寸等,也只能另作一剖视图来表示,如图 3-3 所示。同时最好再加画一个门打开状态下的透视图,以显示其内部功能设计，避免因在外形视图上画虚线而影响其效果。也可以通过绘制拆装示意图（又称爆炸图）的方式来表达产品的内部功能和结构，如图 3-4 所示。

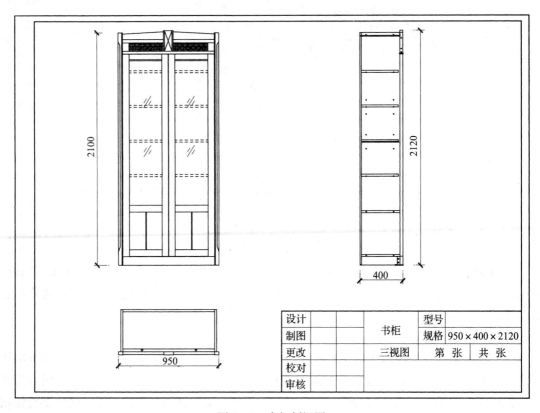

设计		书柜	型号	
制图			规格	950×400×2120
更改		三视图	第　张	共　张
校对				
审核				

图 3-3　书柜剖视图

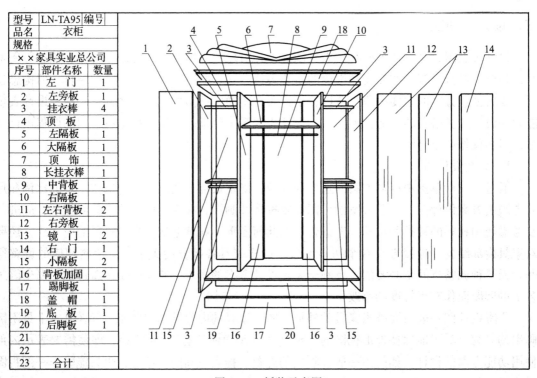

型号	LN-TA95	编号	
品名	衣柜		
规格			
××家具实业总公司			
序号	部件名称	数量	
1	左　门	1	
2	左旁板	1	
3	挂衣棒	4	
4	顶　板	1	
5	左隔板	1	
6	大隔板	1	
7	顶　饰	1	
8	长挂衣棒	1	
9	中背板	1	
10	右隔板	1	
11	左右背板	2	
12	右旁板	1	
13	镜　门	2	
14	右　门	1	
15	小隔板	2	
16	背板加固	2	
17	踢脚板	1	
18	盖　帽	1	
19	底　板	1	
20	后脚板	1	
21			
22			
23	合计		

图 3-4　拆装示意图

对于具有多功能（如可折叠、翻转等）的家具，在设计表现图中无论是视图还是透视图最好都能有所反映，使看图者能了解设计的意图与使用功能的变化等。

2. 三维立体效果图

三维立体效果图用空间投影透视的方法和彩色立体形式将家具形象表达出来，使其具有真实观感；并在充分表达出设计创意内涵的基础上，从结构、透视、材质、光影、色彩等许多元素上加强表现力，以达到视觉上的立体真实效果。

设计表现图中的透视图，要求按照方案设计图已定的尺寸，以中心投影的方法画出轮廓，应选择最佳的比例和角度来绘制，这是绘制透视图的关键。除了用透视技巧表现空间感外，还应充分利用色调的变化和光影的描绘等技法，以增加生动感。如图 3-5 所示。

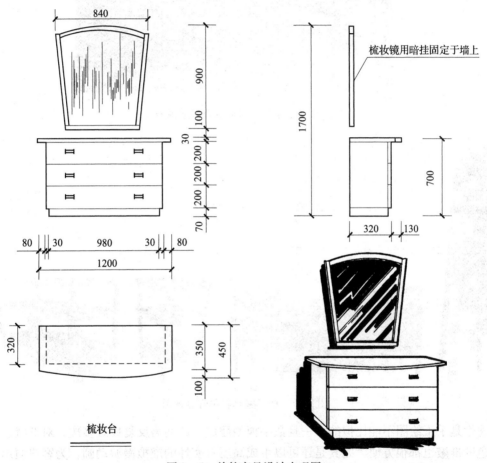

图 3-5　单件家具设计表现图

如果是室内整套家具的设计表现图，应该先单独画出室内平面布置图和室内家具布置的透视图，另外再画出各个单件家具的设计表现图，如图 3-6 和图 3-7 所示。

随着设计工具的发展和运用，特别是计算机辅助设计的迅猛发展，三维立体效果图的表现技法和技能更加丰富多彩。马克笔技法、线描加淡彩技法、色粉画法、水粉与水彩画法、喷绘画法都具有不同效果的表现力。用计算机三维设计软件绘制效果图更是近年来越来越流行的方法。计算机三维造型设计软件更高效率与更逼真精确的三维建模渲染技术，特别是近年来专业设计软件的开发与升级，使计算机三维造型设计的软件功能越来越强大，如AutoCAD、3DS MAX、ALIAXS、PRO/E 等为效果图设计提供了更现代化的便利工具。虽然三维软件模型的生成速度与手工绘图相比并不见得有很大优势，但其高度的准确性、虚拟性

图3-6　室内整套家具布置透视图

图3-7　成套家具各单件透视图

及高速性是手工绘图不能比拟的。一旦数字模型建成，即使需反复修改多次，对形状、材料及颜色的推敲也都很方便，尤其是还可以生成高度真实性的虚拟漫游动画，为客户演示设计方案。所以，计算机三维立体效果图成为了产品开发设计效果图的首选，成为新一代设计师的数字化设计工具，如图3-8和图3-9所示。

渲染图通过形状、材质、纹理、色彩、光影效果等的呈现和艺术的刻画达到产品的真实效果。渲染图最重要的意义在于传达正确的信息，正确地让人们了解到新产品的各种特性和在一定环境下产生的效果，便于各种人员看懂，并理解。

家具设计表现图是对设计草图经过仔细研究、选择和修改后确定的图样，它要作为设计生产单位对外洽谈的文件之一，供用户选样确认，从而可进行投入生产的准备，因此要毫无遗漏地反映原设计的全面要求。除了图形是主要的表现手段外，还常需要用文字加以说明，以反映家具创新设计的各项质量要求，以及设计的要点、优点。对于多数设计，特别是活动式多功能家具或结构与造型较特殊的家具，一般除了设计图外，都应根据方案设计图制作模

图 3-8　计算机绘图

 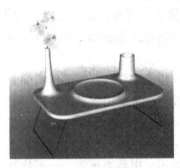 

图 3-9　3DS MAX 软件建模渲染

型或样品，以便发现和修改制图时考虑不周的地方，例如修改有关尺寸，甚至重新选择个别结构，以达到尽善尽美。

3. 尺寸

方案设计图上的尺寸不需要注得太多，标注尺寸的多少要根据图样的功能而定，设计图上应注的尺寸有：

（1）总体轮廓尺寸　家具的宽、深和高；

（2）功能尺寸　主要是表示该家具使用功能方面的尺寸。各类家具具有不同的功能尺寸，其数据内容可参照有关国家标准《家具功能尺寸的标注》以及家具主要尺寸等。此外，如有必要还应注出某些特征尺寸，如一些重要造型曲线的尺寸（椅背曲线或圆弧半径尺寸）等。

以上两类尺寸都是十分关键的尺寸。这两类尺寸在图中有时不能完全分开，有些尺寸同属于两类，例如桌高、凳高、桌面宽深尺寸等，既是功能尺寸也是规格尺寸。设计图上的尺寸由于考虑到外观造型、材料幅面及厚度等，和原设计草图会有某些出入，修改原则是不能影响设计要求，特别是功能尺寸不容许作较大变动。

方案设计图是已经属于生产领域中的文件，所以从图样管理上要求按照制图标准规定绘制，例如幅面、图框、标题栏、视图的画法和采用的比例等。但为了显示效果，可以不按规定地运用线条，特别是透视图的画法不受任何限制。

第二节　家具结构装配图

家具结构装配图是表达家具技术设计的有效手段。家具技术设计是在设计方案的前提下，进一步考虑原材料的类型、接合的方式以及工艺生产实现的可能性。它是将设计思维、设计概念转化为现实产品的重要环节。家具结构装配图要全面反映产品的内外结构和装配关系，因而考虑的因素较多。如原材料和辅助材料的品种、规格；结构中的榫接合或连接件接合；产品表面装饰材料或涂料等；组成家具的所有零件、部件的形状、结构；零件加工工艺流程；家具的装配方式等。为生产某种家具，这些内容都是需要考虑的，然而主要反映家具造型和功能的设计图是远远满足不了这些要求的。

家具结构装配图是现代家具生产中必不可少的一种图纸，是现代化大生产的需要，是家具零部件图设计的依据，也是家具设计者与生产者沟通的桥梁。随着家具工业化进程加快，生产方式也发生了较大的变化。先进的工艺装备、新型的工业材料使得加工精度和加工质量明显提升，标准化水平完全能够满足自由式装配。生产组织方式也由原来的以产品为单位逐步要求以部件为单位进行专业化生产转变。组织生产的技术文件就以零件图、部件图为依据，这样结构装配图的性质和作用就逐渐变化，图形可大为简化，它成为了零部件设计的依据和产品组装的说明。

结构装配图的内容主要有：视图、尺寸、零部件明细表、技术条件等。若用家具结构装配图替代家具设计图时，还应在图纸上画出家具的透视图。

一、视图

结构装配图中的视图部分是由一组基本视图，一定数量的局部详图，以及个别零件、部件的局部视图组成。基本视图一般都以剖视图的形式出现，特别是外形简洁的家具或已经有设计图时。基本视图选择的剖视种类，应注意两个原则：一是要尽可能多地表达清楚内部结构，特别是连接部分的结构；二是图形不要过多。当然剖面位置的选择还要能真实反映构成家具的零部件形状，至于基本视图的数量则视家具的复杂程度和结构特点而定，一般不少于两个，其中主视图的选择要注意反映家具形体的基本特征。

由于基本视图要求表达家具整体，在图纸上需要用缩小比例画出，且一件家具的几个基本视图应尽可能安排在一张图纸上，这样基本视图不可能也不应画得过大，于是局部结构相对来说就显得更小而在基本视图上无法表达清楚，因此结构装配图几乎都需要采用局部详图。局部详图的选用要点是能够详细表达主要结构，如零部件之间的接合方式，连接件以及榫接合的类别、形状以及它们的相对位置和大小，再如某些装饰性镶边线脚的断面形状，基本视图中因太小而画不清楚更无法标注尺寸的局部结构等。

此外就是某些零件，如果不是外购的，又没有零件图，也要在结构装配图中画清楚，通过某零件的局部视图等形式表达，部件也是如此。

图3-10所示是一餐椅（实木家具）的结构装配图。从三个基本视图就可看出整体全貌，图中主视图采用了全剖；俯视图和左视图均采用了半剖，显示了其细部结构，即座面与靠背为软包结构，椅架为实木零件并以方榫接合所构成。为了清楚地表达外形还画出了透视图。

家具零件之间的接合方式种类繁多，要想表达清楚，必须进行专业的学习。有关家具结构的知识将由"家具结构设计"作专门介绍，本书仅讲解家具结构的表达方法。零件之间的细部结构也可由零件图来替代，我们将在下一章的制图实践中作详细介绍。

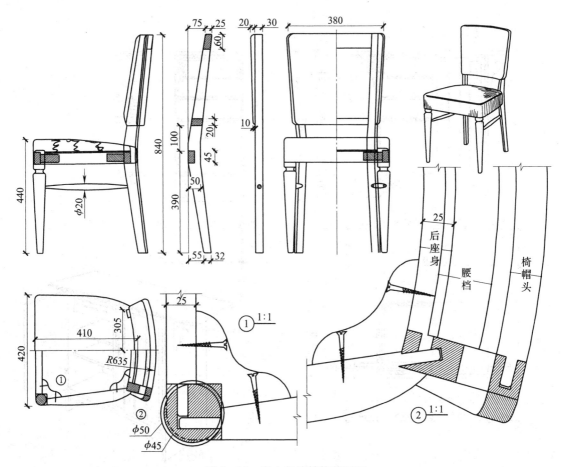

图 3 - 10　实木餐椅结构装配图

下面再介绍一件板式家具的结构装配图。板式家具各板件之间如顶板（面板）、底板和旁板一般都是用专用连接件，或用圆榫接合。图 3 - 11 所示是一幅中式小柜的结构装配图，板式结构，五金连接件连接。这个柜子的画法与前面不同的是在图中标出了一些需要表达细部结构的局部详图的编号，表达方法参考第二章中的相关内容。

从主视图可看到设计者在中式小柜内部的功能安排，有两层隔板，还有两个小抽屉。主视图由于对称，对称中心位置又有门缝，所以用了半剖视，既表示了内部又兼顾了外观。③号局部详图是表现隔板与旁板的接合方式的，②号局部详图是上面抽屉与旁板之间的连接（安装）结构。左视图为了表现内部结构，所以采用了全剖视。⑥号局部详图是表现面板边部形状的。俯视图也用了半剖视图，⑤号局部详图会表达其详细结构。柜子的柜门使用了暗铰链，这从透视图中可以看到。

二、尺寸

结构装配图是供制造家具用的，因此除了图形表示形状外，还要详尽地标注尺寸，凡制造该家具所需要的尺寸一般都应在图上能找到。尺寸标注包括以下几个方面：

（1）总体轮廓尺寸　家具的规格尺寸，指总宽、深和高，如是柜子，则总体尺寸一般是指柜体本身的宽和深，以及顶板或面板离地高度，不包括局部装饰配件（如拉手、垫脚等）凸出的尺寸，例如图 3 - 11 中宽 1100mm 和高 907mm；

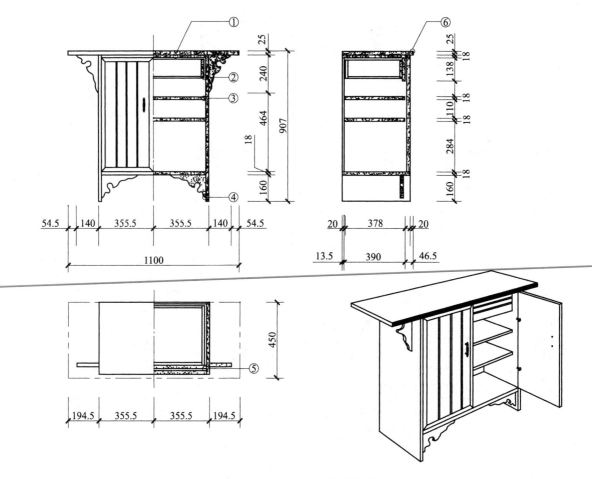

图 3 - 11 　中式小柜结构装配图

（2）部件尺寸　如抽屉、门等的尺寸；

（3）零件尺寸　方材零件标注断面尺寸，板材则一般要分开注出其宽和厚；

（4）零件、部件的定位尺寸　是指零件、部件相对位置的尺寸，如图 3 - 11 中两层隔板离底板的距离以及两隔板之间的距离等。

结构装配图由于它功能的特殊，既要指导装配，又要指导零件、部件的生产，因此，尺寸要全部标注出就显得太多，而在实际生产中有些尺寸就不标注出。例如属于常规的工艺上需要的尺寸就是这一类，如抽屉底板的厚度，榫接合中榫头、榫眼的尺寸，普通无特殊要求的胶合板、纤维板的厚度以及嵌板结构中装板定位尺寸等一般都省略不标注；其次是比较次要的尺寸也可不标注，依靠其他已标注尺寸经简单计算而得，例如双包镶空芯板中间芯条间隔无特殊要求时常常不标注，由内芯条数量决定，间隔均匀就可；还有就是个别外购件需要在图上画出时，仅标注个别重要的规格尺寸，其余均不用标注出。对于一般外购的铰链、抽屉滑道，只要标注出装配螺丝孔的中心距和螺丝孔直径尺寸即可。总之，标注尺寸的多少以及怎样标注法都与生产制造和成品质量有着密切关系。

结构装配图是根据方案设计图画的，其中包括要满足设计图中已提出的某些尺寸，特别是关于家具的功能尺寸。然而由于结构装配图是制造用图，其尺寸只要按制造加工需要重新加以标注出，而不一定和设计图上的尺寸完全一致。例如柜子中顶板、底板和各层隔板的装配，如果用连接件，就要标注出连接件打眼的位置尺寸，而这些定位尺寸是由原设计要求隔板间净空尺寸换算而来的。

三、零件、部件编号和明细表

当工厂组织生产家具时，随着结构装配图等生产用图纸的下达，同时应有一个包括所有零件、部件、附件以及耗用的其他材料清单附上，这就是明细表，如表3-1所示。目前生产工厂大都有专用表格供填写，明细表的格式和内容由各工厂根据生产实际需要而定，无统一标准。

表 3-1　　　　　　　　　　　　　零件、部件明细表

10	……	……					
9	……	……					
8	……	……					
7	门　板	2					
6	背　板	1					
5	搁　板	2					
4	底　板	1					
3	右旁板	1					
2	左旁板	1					
1	面　板	1					
序号	代号	名　称	数量	材料	规　格		备注
设计					代号		
制图			中式小柜		规格		
校对					比例	共　张	第　张
审批					（生产设计单位）		

明细表常见内容有：零件、部件名称，数量，规格，尺寸。如用木材还应注明树种、材种、材积等，此外还有需用的附件、涂料、胶料等的规格和数量等；注意，明细表中开列的零件、部件规格尺寸均指净料尺寸，即零件加工完成的最后尺寸。

也有将零件、部件明细表直接画在图中的，特别是部件图中的零件明细表，不再单独列表。这时就需要对零件、部件进行编号，以方便在图上查找，编号用细实线引出线。末端指向所编零件、部件，用一小黑点以示位置。编号应考虑几个原则：一是要按顺序，排列整齐；二是尽可能使有关零件、部件集中编号，其中包括外购件另外编号，甚至直接写在图上。对于有零件、部件图的家具装配图来说，如板式家具明细表因不太庞大可以直接画在标题栏上方，这时编号的零件、部件填写要从下向上写，这样可避免因遗漏而无法添加补齐。另外，零件、部件的编号不仅仅是为从图中查找方便，还应给予代号，代号不仅是以数字顺序表示不同零件、部件，更重要的是反映零件、部件的归属，便于分类，不致弄乱造成损失。在零件、部件种类较多或同时生产类似家具时，代号显得尤为重要。

四、技术条件

技术条件是指达到设计要求的各项质量指标，其内容有的可以在图中标出，有的则只能用文字说明，例如对家具尺寸精度、形状精度、表面粗糙度、表面涂饰质量等的要求，以及

在加工时需要提出的某些特殊要求。在结构装配图中，技术条件也常作为验收标准考查的重要方面。

五、装配图的绘制程序

（1）绘图准备　正式绘图前应分析产品形态、功能与结构，明确表达内容，在此基础上，首先确定主视图；根据选择原则，将一般家具的主视图按使用位置放置；而支撑类家具，则以其侧面作为主视图的投影方向（如图 3-10 所示的餐椅），然后选择其他视图；对于某些结构或零件之间的关系在主视图中尚未表达清楚的，使用状态或使用功能表达不够充分的，应适当增加视图，或是向视图、剖视图、局部详图等；

（2）确定绘图比例、图纸幅面，画出各视图的基准线　一般情况下，结构装配图多选用 3 号图纸，根据产品大小、视图数量和绘图比例进行合理布图，包括标题栏、明细表、尺寸标注、技术说明等所需的位置；

（3）绘制产品主体结构　不同的家具类型，其产品特征是不同的，需要表达的重点部位也是不同的，在绘图时必须根据方案设计，首先绘制产品的主体结构或外形轮廓；

（4）绘制与主体结构直接相关的重要零件或部件　在绘制零件时通常需要进行剖切；

（5）绘制次要零件、连接部位的详图，完成图线底稿；

（6）标注尺寸，加深轮廓；

（7）编写零件明细表，填写标题栏，写出技术说明，整理加深即可完成全图。

第三节　家具部件图、零件图和大样图

随着家具工业的发展，家具结构的变化，要求以部件、零件为单位进行专业化生产以提高生产率。为了使某一工段或车间生产的部件，符合装配成合格家具的要求，就要对部件的尺寸、形状及其他质量提出合理的要求，由此就应该单独画出部件图、零件图，详细注明它们的技术要求。另外，结构装配图也不可能做到包罗万象，按结构装配图生产使用部件就显得不合适，易于出错或达不到部件应有的要求，导致整个家具质量的降低。从现代化生产管理的要求看，按部件、零件组织生产就必须画出部件图、零件图。

一、部件图

部件是由若干零件所构成的产品中的某一重要组成部分。家具中经常见到的脚架、抽屉、门、面板、顶板等都是部件。部件图是表达组成该部件的所有零件相互位置关系和连接方式的图样。从内容和形式上它是介于产品结构装配图和零件图之间的制造装配图，也是组织生产的技术文件。

如图 3-12 所示为一柜门的部件图，柜门由立梃、帽头、门芯和压条所组成。图中画出了柜门的详细结构，如外形尺寸、立梃与帽头的连接方式，以及门芯的安装方法等。图 3-13 为抽屉部件图。显然，有了组成家具的部件图，即可在产品结构装配图中将这些需要独立绘制部件图的部件采取简化画法，以使图面简洁。

为了保证部件装配时的质量，部件上有关的配合尺寸都应有精度要求，如尺寸公差。这样以便装配成家具时可不经挑选、不经修正直接顺利装配，且能达到预定要求，这就是所谓具有"互换性"。由于加工时种种原因，零件、部件的尺寸不可能十分精确，我们就应对尺寸提出能满足质量要求的尺寸允许偏差范围。

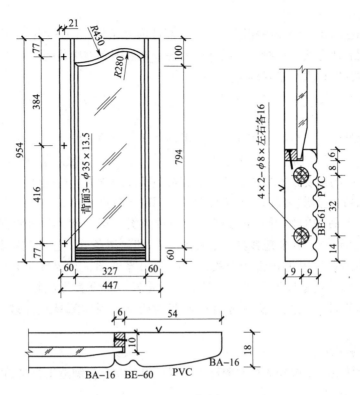

图 3 – 12　玻璃门

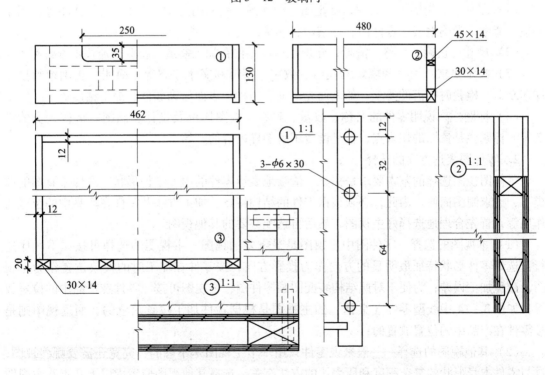

图 3 – 13　抽屉

　　如孔眼中心距尺寸，应有一定的允许偏差，如（384 ± 0.2）mm 即最大板限尺寸为 384.2mm，最小板限尺寸为 383.8mm，其中允许尺寸的变动量为 0.4mm，这就是尺寸公差，尺寸公差的大小随两个因素变动，一是基本尺寸大小，二是要求的精度等级。其中基本尺寸即是设计所给定的尺寸。

部件图的画法与结构装配图相同，为表示部件内外结构，同样可以采用视图、剖视图、剖面图等一系列表达方法，包括采用局部详图等。部件图和结构装配图一样都应有图框、标题栏，但要注意标题栏大小格式的不同。

二、零件图

任何产品都是由一定数量、相互联系的零件按照一定的装配关系和要求装配而成的，零件是组成产品最基本的单元。表达单个零件形状、大小和技术要求的图样称为零件图。零件图是设计和生产中的重要技术文件，是制造和检验零件的依据。在现代化家具生产中，结构装配图的作用和功能已明显减弱，而零件图的作用越来越重要。

根据零件在产品中的作用，可将零件分为两大类，即一般零件和标准零件（或外购件）。各种钉、圆棒榫、五金连接件（包括拉手）和封边条等，它们在家具中主要起连接和装饰作用，由专业厂家进行生产，我们不必画出零件图，只要标出它们的型号、规格即可外购，通常称这类零件为标准件。对于一般零件，根据其形状特点可分为线型零件、面型零件和块体零件三大类。实木方材零件多为线型，现代家具板件多为面型，沙发软垫多为块型。

1. 零件图的内容

零件图是指导生产全过程的技术图样。为保证设计要求，制造出合格的零件，零件图应具有以下几方面的内容：

（1）图形　一组图形，其中包括视图、剖视图、断面图（剖面图）、局部详图等，用于完整、清晰、准确地表达零件内、外结构和形状；

（2）尺寸　正确、完整、清晰、合理地标注零件在加工制造、检验时所需的全部尺寸；

（3）技术要求　用一些规定的代号、数字、字母和文字注解等，简明、正确地给出零件在制造、检验时所需的要求，如表面光洁度、树种、表面涂饰颜色、加工精度等；

（4）标题栏　说明零件的名称、数量、材料、画图比例及设计、制图、审核人员的签名等，标题栏是读图的切入点，也是读者了解图样内容的开始。

2. 零件图表达方案的选择

零件图视图选择的基本要求是完整、清晰地表达零件的内外结构形状，在便于看图的前提下，力求制图简便。为此，必须根据零件的结构特点、加工方法及零件在产品中的位置与作用等，首先合理地选择好主视图，然后再选配必要的其他视图。

（1）主视图的选择　零件图中主视图是最重要的视图，主视图的选择可按以下顺序进行：选择零件形状特征最明显的方向作为投影方向；按零件在加工时的安放位置作为主视图，避免加工误差；为便于对照结构装配图画零件图，主视图可按照零件在产品中的位置放置，如图3-14中线型零件（桌腿）的主视图是根据零件加工位置放置的，而透视图则是按零件在产品中的位置放置的；

（2）其他视图的选择　一般来说零件只用一个主视图是不够的，究竟还需要哪些视图，这与零件本身形状的复杂程度和所表达的方法有关。选择其他视图应考虑以下几点：主视图中未表达清楚的需要补充；细部结构和接口位置，应选用局部视图、详图、斜视图等表达；对于未表达清楚的主要形状尽可能用剖视、剖面图；视图数量不宜过多，以免重复，导致主次不分，看图困难。

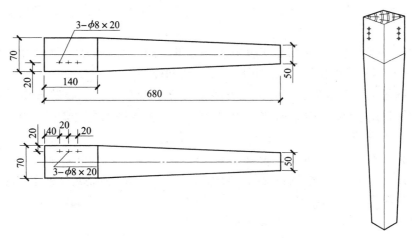

图 3 - 14　线型零件（桌腿）

3．零件图的尺寸标注

零件图的尺寸标注的基本要求是正确、完整、清晰、合理。所谓合理，是指所标注的尺寸既符合零件的设计要求，又便于加工和检验。为了合理地标注尺寸，必须对零件进行结构分析、形体分析和工艺分析，根据分析先确定尺寸基准，然后选择合理的标注形式，结合零件的具体情况标注尺寸。

合理标注尺寸应注意以下问题：

（1）结构上的重要尺寸必须直接标出　与产品使用性能、装配质量有关的尺寸均为重要尺寸，应从设计基准直接标出，以保证精度要求；

（2）考虑加工时看图方便　接口的位置（榫眼、圆孔等）最好能单独标注，避免出现计算过程，如图 3 - 15 中的各类孔；

（3）便于测量和检验　尺寸标注有多种方案，但要注意所标注尺寸是否便于测量。

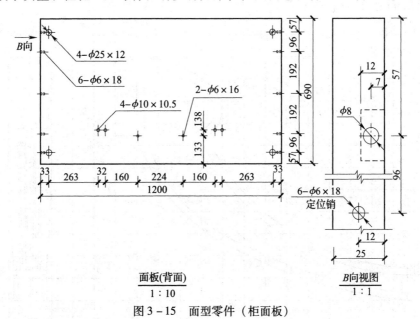

面板(背面)
1：10

图 3 - 15　面型零件（柜面板）

4．绘制零件图的步骤

（1）确定视图表达方案　首先应根据零件的用途、结构特点和加工方法等方面因素，对零件进行结构、形体分析，依据投射方向，选取主视图和其他视图，择优确定视图表达方案；

（2）选择图幅、比例　在确定了视图表达方案之后，选择图幅，再依据零件视图数目和实物大小来确定适当的比例，画出相应的图框线和标题栏；

（3）绘制基准线　依据已确定的视图表达方案和比例，合理布置各视图的相应位置（要考虑视图在图幅内对图框线应留有一定的间隙，以及各视图之间要留有充分的标注尺寸的空间），画出各视图的主要中心线、轴线、基准线；

（4）绘制视图　在已绘制出各视图的基准线、中心线、轴线的基础上，按视图表达方案先由主视图开始绘制，并根据各视图之间的投影关系，画出其他视图的主要轮廓线；

（5）绘制细节　画出各视图上榫眼、圆孔和剖面符号等细节部分；

（6）标注尺寸、封边符号、木纹方向等；

（7）填写技术要求和标题栏；

（8）检查、完成　检查各视图的画法是否准确反映零件的结构、形体，以及尺寸标注是否完全、合理，没有错误之后，加深完成全图。

三、大样图

在家具制造中，有些造型和结构复杂且不规则，这些不规则曲线零部件常因为是非圆曲线，无法用半径尺寸加以控制，这时就需要用网格坐标方法绘制1:1、1:2、1:5的分解大样尺寸图纸，表示其真实形状，简称大样图。

大样即是指与家具上该零件的实际大小形状完全一致的样板，而大样图则可以按比例缩小，用一定尺寸的网格加以控制，如图3-16所示。必要时可辅以部分半径尺寸，特别是需要相配合接触的部分。总之，从保证按图能制作出符合原设计要求的曲线形状出发，来选择和决定采用何种方法以控制曲线形状。大样图方格网线必须注明实际尺寸，不能遗漏。如每格50mm×50mm或20mm×20mm。

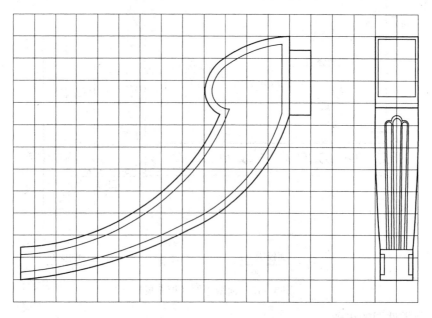

图3-16　零件大样图（每格25.4mm×25.4mm）

大样图一般属于零件图的范畴，但是在部件图中某零件具有曲线形状，甚至几个零件装配在一起构成的完整曲线形状，可直接在部件图中画出方格网线。对于某些带不规则立体曲面的零件用一系列剖面图表示时，这些剖面图同样需要网格以控制其曲线的形状。

第四节　家具商业图

一、家具产品拆装图

现代家具的主要结构方式为拆装结构，在家具产品的售后安装服务或消费者自行安装的过程中，由于安装不当经常造成家具部件的破损，轻者影响家具产品的使用性能，重者造成家具部件的报废。据统计表明，由于安装方法不当造成的家具产品售后质量问题的费用占整个售后服务费用的 4%～5%。在消费者购买家具产品后，如何保证产品能够被正确、迅速地安装，设计合理有效的产品拆装图便是有效的保证。

依照产品拆装图，售后服务人员或消费者就可以对产品整体及产品细节有明晰的了解，从而有条不紊地按步骤实现产品拆包、配件与部件安装及整体安装。

现今的家具产品销售后分为厂家提供安装（包括产品安装与维护）和用户自行安装（DIY）两种情况。前者由专业的安装人员负责完成，这些人员具有一定的专业技能；后者则由消费者根据产品说明书及拆装图自行完成。因此在设计家具产品拆装图时，应针对拆装图的使用者来决定拆装图的表达方式。比如提供给专业售后服务人员的拆装图可以相对简单些，并可使用比较专业的术语（如暗铰链），而对于普通的消费者则需同时附上相应的详细示意图。

（一）拆装图的主要内容

本着让使用者方便的原则，一份合理、有效的产品安装图应着重表达以下几个方面内容：

1．产品简要说明

（1）主要材料　如采用水曲柳木材、刨花板、中密度纤维板等；

（2）性能用途　如衣柜保管贮藏衣物；

（3）使用注意事项　如衣柜使用时要轻关轻拉以延长使用寿命；

（4）维护保养　如连接件松动需及时调整紧固。

2．所需的安装工具

一些常用的安装工具：橡胶锤、铁锤、一字型螺丝旋具（俗称一字头螺丝刀）、十字型螺丝旋具（俗称十字头螺丝刀）等。

3．产品五金配件简图、代号、数量

将本产品所需的五金配件种类及数量作详细的说明，与安装顺序、安装方式相结合，从而指出五金配件的正确安装。

4．产品整体示意图、产品所有部件代号

采用分解图将产品的所有部件都表现出来，并将每种部件进行编号（对称的部件应分别编号），以便于生产、销售过程的管理。

5．五金配件与相应部件的安装详图

采用部件整体与局部放大相结合的方式，将每一个五金配件节点所使用的安装工具、五金件名称、型号、数量及旋转方向等表达清楚。

6. 安装方式、部件安装顺序及结构详图

这是整个拆装图最核心的部分。采用部件整体与局部放大相结合的方式，将部件安装顺序、部件结合的方式以及节点结构方式表达清楚。

7. 调整要求及调整方法

如衣柜安装后调整开门、抽屉等部件的分缝及平整度，调整与之对应的螺栓至适当位置。

家具的安装可分为立式安装和卧式安装两种方式。立式安装方式是将家具在预定的摆放位置附近进行直立式安装，安装完成后只作小距离的移动即可放置于使用位置，立式安装主要用于衣柜、书柜等规格较大的家具。卧式安装方式是将家具在其他位置安装，安装完成后可对家具作翻转并移动至使用位置，卧式安装主要用于床边柜、写字台等规格较小的家具。

部件安装顺序与安装结构详图是产品拆装图需重点表达的要素。

（二）家具拆装图实例

1. 实木家具爆炸图

实木家具以整体结构为主，拆装结构运用较少。家具爆炸图的作用一是在设计初期即方案设计阶段帮助设计师确定零件之间的相互关系和连接方式；二是帮助加工生产人员和消费者看懂结构装配图，了解产品的构成。

图 3 - 17 是一件明式圈椅的爆炸图，图中展示了圈椅的所有零件及结构。

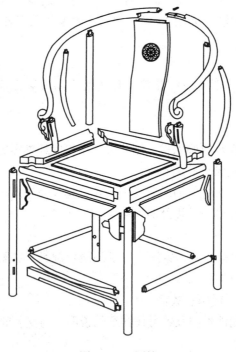

图 3 - 17　圈椅

2. 板式家具拆装图

图 3 - 18 为组合书柜的整体示意图、产品所有部件名称；图 3 - 19 为组合书柜的安装步骤。

3. 家具安装示意图

图 3 - 20 是一件床头柜的装配示意图。

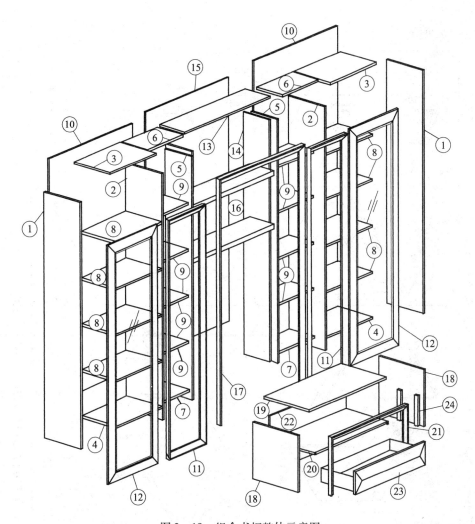

图 3 - 18 组合书柜整体示意图

A组 ①—②—③—④—⑤—⑥—⑦—⑧—⑨—⑩—⑪—⑫

⑧为大隔板，⑨为小隔板

B组 ①—②—③—④—⑤—⑥—⑦—⑧—⑨—⑩—⑪—⑫

⑧为大隔板，⑨为小隔板

C组 ⑬—⑭—⑮—⑯—⑰

D组 ⑱—⑲—⑳—㉑—㉒—㉓—㉔

说明: 书柜的拆装分为A、B、C、D四个部分

图 3 - 19 组合书柜安装步骤

二、家具产品包装图

1. 整体家具包装图

如图 3 - 21 所示。

2. 板式拆装家具包装图

如图 3 - 22 所示。

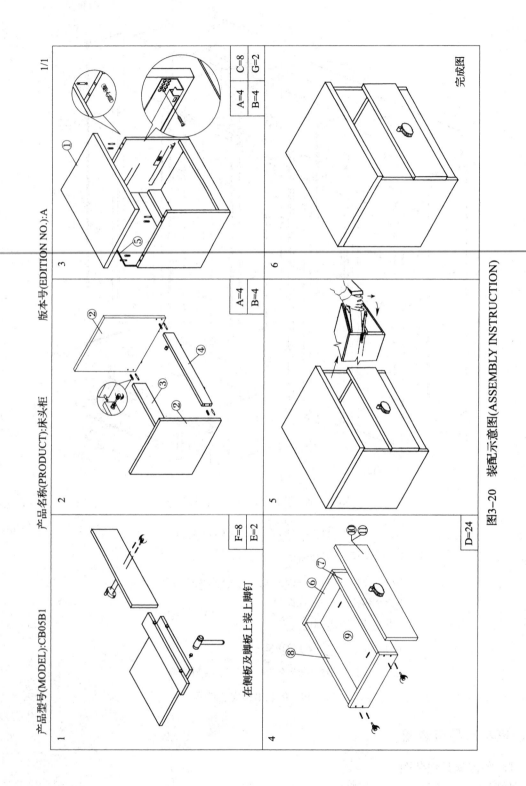

图3—20 装配示意图(ASSEMBLY INSTRUCTION)

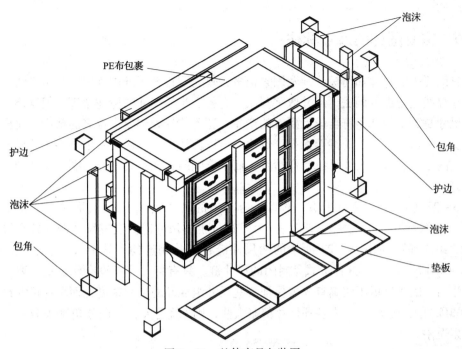

图 3－21　整体家具包装图

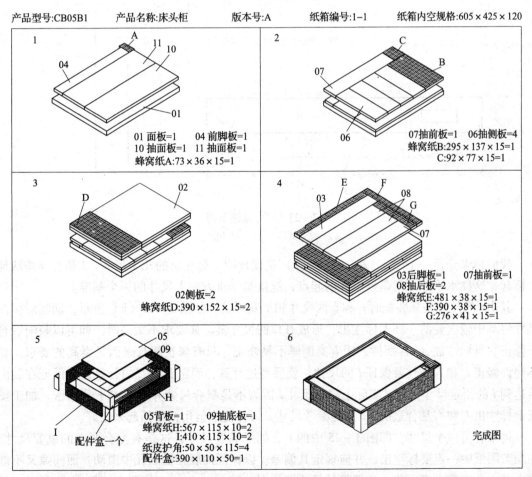

产品型号:CB05B1　　产品名称:床头柜　　版本号:A　　纸箱编号:1-1　　纸箱内空规格:605×425×120

1

01 面板=1　　04 前脚板=1
10 抽面板=1　　11 抽面板=1
蜂窝纸A:73×36×15=1

2

07 抽前板=1　　06 抽侧板=4
蜂窝纸B:295×137×15=1
　　　　C:92×77×15=1

3

02 侧板=2
蜂窝纸D:390×152×15=2

4

03 后脚板=1　　07 抽前板=1
08 抽后板=2
蜂窝纸E:481×38×15=1
　　　　F:390×38×15=1
　　　　G:276×41×15=1

5

05 背板=1　　09 抽底板=1
蜂窝纸H:567×115×10=2
　　　　I:410×115×10=2
纸皮护角:50×50×115=4
配件盒:390×110×50=1

配件盒一个

6

完成图

备注:板件油漆面和外置五金须用包装纸隔离。

图 3－22　包装示意图

第五节 家具图样的尺寸标注

家具图样上的尺寸如何标注涉及因素很多，首先要符合标准中规定的基本方法，如尺寸线、尺寸界线起止点等画法，尺寸数字写法，直径、半径尺寸的标注法等。但这还不够，因为标注尺寸是为了制造出符合设计要求的产品，还不能处处都要求很高的精度，这样降低了生产率提高了成本，严重的甚至无投产价值，所以标注尺寸时还要考虑哪些尺寸重要，必须保证一定的精度，哪些尺寸可以降低精度，而不影响质量和家具等级，哪些尺寸的精度应如何确定等。

图 3 – 23（a）是一零件上有一榫眼，标注出的尺寸 l、l_1、l_2、l_3 形成一个首尾相接的"链条"，这就是尺寸链。图 3 – 23（b）是一部件上的尺寸链。组成尺寸链的各个尺寸为尺寸链的"组成环"。如图 3 – 23 所示的两尺寸链各环是相连的，其中（a）为 $l_1 + l_2 + l_3 = l$，（b）为 $l_1 + l_2 + l_3 + l_4 = l$，这种形式是封闭的尺寸链。只有各尺寸都没有什么精度要求时才能这样标注出。因为这里不明确首先要保证哪些尺寸组成环的尺寸精度，而哪些尺寸精度可稍次些。如（a）中，若 l_1、l_2、l_3 各环尺寸都略大些，则 l 就更大，从误差角度来分析，这就会形成积累误差。

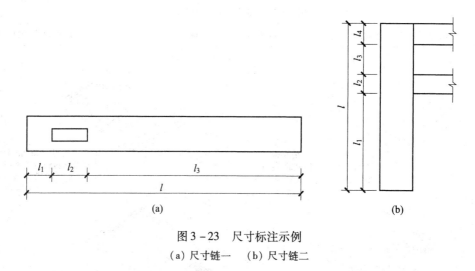

图 3 – 23 尺寸标注示例

（a）尺寸链一 （b）尺寸链二

我们再来分析一下图 3 – 24，图中（a）是设计图上标注出的几个尺寸。l 和 l_1 都是从地上标起，这样水平地面就是量尺寸的起点，这就是铅垂方向上尺寸的一个基准。

其中 l 的尺寸是靠装配时 l_1' 和 l_2' 两尺寸相加获得的，如图 3 – 24（b）所示，而实际标注尺寸将其中较次要的一环不标注出，形成开口的尺寸链。如要求不太高时，即可以装配后再作修正，可标注成（c）那样，因 l_1' 桌面厚不易修正，只有修正腿长来满足桌高的要求。如不允许修正 l_1' 和 l_2'，且要保证 l 的尺寸，就要经过计算，确定 l_2' 和 l_1' 的公差，使保证在装配后达到 l 的预定尺寸精度。实际上桌高尺寸 l 因为不是配合尺寸并不要求十分精密，加工图纸上标注出 l_1' 和 l_2' 是合适的，l 只是参考尺寸，可标注出但用括弧括起来较好。

再来看另一个尺寸，即图 3 – 25 中的 l_2，抽屉高度尺寸，这是有配合要求的重要尺寸，在加工图纸中一定要标注出，并应规定其偏差，以保证抽屉在抽屉孔中滑动，而间隙又不能过大，因此在装上桌面前，该部件的尺寸链是 $l_1' + l_2' + l_2 + l_3 = l$，如图 3 – 25（b）所示。从过去一般的加工装配情况，首先要保证 l_2。基准可选在 J_1 处，其他尺寸的基准就不很重要，

依次为 J_2、J_3。一般制作时 l 实际上较大，部件装配后再修正与 l_3 端齐平，并依此为基准决定 l，因此该尺寸链中应该去掉 l_1' 环而留空，即让误差都集中到 l_1' 环。

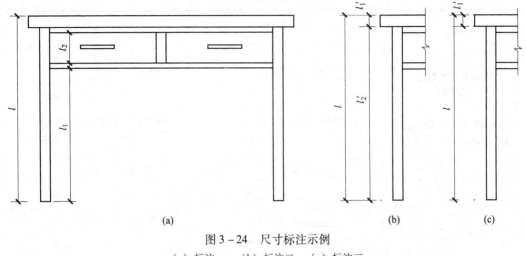

图 3 - 24 尺寸标注示例

（a）标注一 （b）标注二 （c）标注三

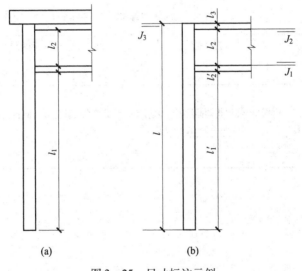

图 3 - 25 尺寸标注示例

（a）标注一 （b）标注二

从该例还可看出，加工图纸上的尺寸往往和设计图上的功能尺寸不一致，正确的是应该由设计图上尺寸换算成加工时需要的尺寸。

造型结构上的设计常和加工精度有密切关系，如常见的两零件结合处表面如要求齐平，则对榫接合（或连接件接合）的尺寸精度要求就高。如果设计成不齐平，有一个阶梯差，则对尺寸的精度要求就可大大降低。

对于造型上需要正面齐平的场合还是比较多的，这时要注意相结合零件的基准的选择应一致，让误差集中到一个方向，如从前到后。在垂直方向上的尺寸同样要考虑这一点。如果要求上下都齐平，连接件中心位置的纵向尺寸可分别从上下基准算起，让误差集中到中间。如果柜中有抽屉，则就要保证抽屉的配合精度。

综上所述，我们在标注尺寸时不要忘记考虑尺寸和设计要求、工艺要求的关系，重要的尺寸如配合尺寸还要标注出偏差数值，以保证达到一定精度。

家具 AutoCAD 制图时各种孔的画法如表 3 - 2 所示，供绘图时参考。

表 3 - 2　　　　　　　　　　　常用孔位标注标准（参考）

孔类	正面标注	背面标注
引孔	$\phi 3 \times 5$引孔	背面$\phi 3 \times 5$引孔
层板托孔、玻璃夹孔、$\phi 5$胶母孔	$\phi 5 \times 12$层板扣孔	背面$\phi 5 \times 12$层板扣孔
偏心连接件、四合一连接件、强力连接件主件孔	$\phi 15 \times 12$偏心件孔	背面$\phi 15 \times 12$偏心件孔
螺杆孔、预埋螺母孔、背板扣孔	$\phi 8 \times 25$螺杆孔	背面$\phi 8 \times 25$螺杆孔
木榫销孔	$\phi 8 \times 12$木销孔	背面$\phi 8 \times 12$木销孔
自攻丝孔、沉头自攻丝孔、拉手孔	$\phi 5$通孔　沉孔$\phi 8 \times 90°$	背面$\phi 5$通孔　沉孔$\phi 8 \times 90°$
门铰孔、灯孔、电线盒孔、透气盒孔	$\phi 35 \times 12$门铰孔	背面$\phi 35 \times 12$门铰孔

说明：

当一类孔出现在同一视图中，不同孔位使用相同标注时，须用实心对半填充将其区分，而且选择数量少的孔标填充，举例：

　　　　$4 - \phi 5 \times 12$层板扣孔　　　　　　$2 - \phi 5 \times 12$胶母孔

第四章 家具图样绘制实务

设计语言的学习与其他语言的学习一样，需要在基本理论的指导下不断加强练习。再者，语言的学习也是需要积累的，只有不断实践，才能加强对理论的认识，将知识转化为能力。前面我们已经介绍了家具制图的基本方法和各种图样的绘制程序，接下来应该进行制图实践了。然而，对于没有经过家具设计等专业课程学习的学生来说，现在就开始绘制家具的各种图样确有一定困难，有的学生甚至对家具的感性认识都没有，如何下笔？为此，我们可以从家具测绘入手，逐步建立对家具和对家具的图形表达的认识，将制图理论与绘图实践相结合，提高专业语言的表达能力。

第一节 家具测绘

一、概述

测绘是制图实践的重要环节，也是检验学生是否把制图理论知识转变为实际技能的有效手段。测绘就是依据实际的产品，通过测量和分析，绘制出零件图和结构装配图的过程。根据测绘目的的不同，一般分为设计测绘和仿制测绘两种情况。

测绘是一项复杂而细致的工作，其主要内容包括分析家具造型和结构形式、画出图形、准确测量、注写尺寸和合理制定技术要求等。因此，要掌握并提高测绘工作能力，就要熟悉并灵活运用前面所学的制图知识，掌握正确测量方法和科学的安排测绘步骤等。

测绘的过程是首先分析测绘对象，只有对产品（零件）有了较充分的认识后，才能做到心中有数；然后开始绘制草图，经复核整理之后，再根据草图画出正规图，测绘的重点在于画好草图。

二、家具的测量

家具的造型千姿百态，其测量的方法也不尽相同，即便是同一造型、结构也可采用不同的测量方法。根据产品形态的不同，主要有以下几种测量方法。

1. 直线的测量

在测量家具外形轮廓时大部分为直线尺寸，一般可用卷尺测量，必要时可用直角尺协助。对于所测产品功能尺寸或外形尺寸可对照国家标准进行修正。此时，必须熟悉家具尺寸标准。

2. 角度的测量

测定家具中的角度，可用量角器直接量出。

3. 曲线、曲面及图案花纹的测量方法

（1）拓印法 用纸在家具上有曲线的部位先压一个印痕，然后用铅笔描出，曲线轮廓多为圆弧组成，用圆规作多次试验，便可求得各段圆弧的半径和圆心位置，如图4－1所示；

如果是半径较大的圆弧，也可测量弦长和弧高来求解半径和圆心；

（2）铅丝法　用软铅丝密贴在家具曲线轮廓部位，然后将弯曲的铅丝在纸上勾画出真实的平面曲线，如果曲线是由圆弧组成的，便可求得圆弧半径和圆心位置，如图4-2所示；如果是自由曲线，则可利用网格画出其大样图；

（3）油泥、石膏法　用薄纸作底将油泥或石膏贴在家具有花纹图案的部位上，稍后轻轻取下，得到印模后，再确定各段曲线形状，如图4-3所示。

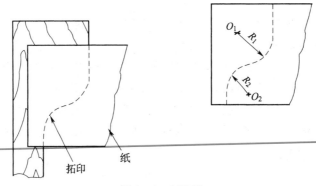

图4-1　拓印法

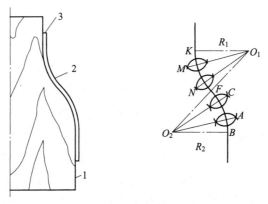

图4-2　铅丝法

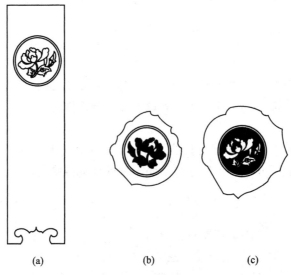

（a）　　　　　　　　（b）　　　　　　　　（c）

图4-3　油泥石膏法

（a）椅靠背板上浮雕　（b）第一次印模　（c）第二次印模

三、家具测绘步骤

1. 仔细观察家具造型、结构特点，弄清其设计意图，分析制作方法，鉴别材料，对所画对象有一个全面的了解。

2. 确定表达方案

根据视图选择要求，首先将最能体现家具特征的方向作为主视图投影方向，再根据家具的复杂程度选配其他视图。

3. 画结构装配草图（或透视图）

草图是指以目测估计图形与实物的比例，徒手绘制的图。草图之"草"是指初步，绝非潦草。有关草图的特点和绘制方法，请参考第十章。

（1）布图、画图框、标题栏和各视图的主要基准线 布置视图时要考虑标注尺寸的位置，如图4-4a所示；

（2）画出主要轮廓（徒手或部分使用仪器） 可从主视图入手按投影关系完成其他视图、剖视图，如图4-4b所示；

（3）画细节和尺寸线 被剖切的零件断面应加画剖面符号；选择尺寸基准，画出尺寸界线、尺寸线及起止符号，如图4-4c所示；

（4）测量尺寸、填写尺寸数字和标题栏、注写技术说明；

（5）必要时可画主要零件的草图；

（6）加深轮廓线，检查，完成全图，如图4-4d所示。

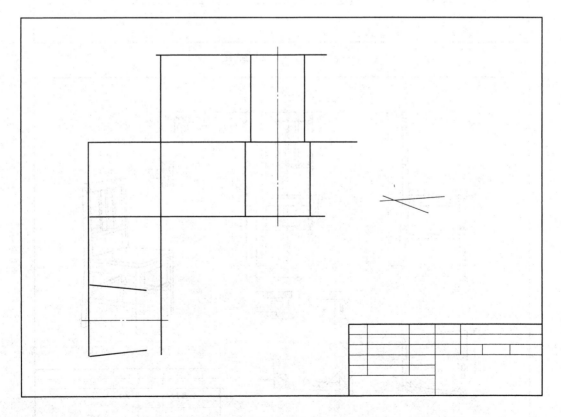

图4-4a 各视图主要基准线

4．根据结构装配草图画结构装配图

家具测绘的难点是家具结构的确定和结构装配图的绘制，尤其是不可拆装的家具，零件、部件之间的连接是很难确定的。这时，需要运用家具结构设计知识并结合具体产品的实际虚拟连接方案，或在老师的指导下确认零件连接方式，方可进行绘制工作。

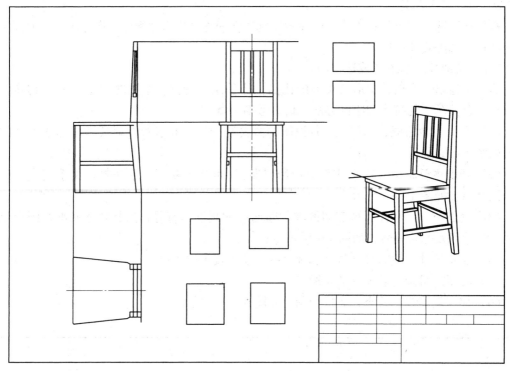

图 4 - 4b　主要轮廓图

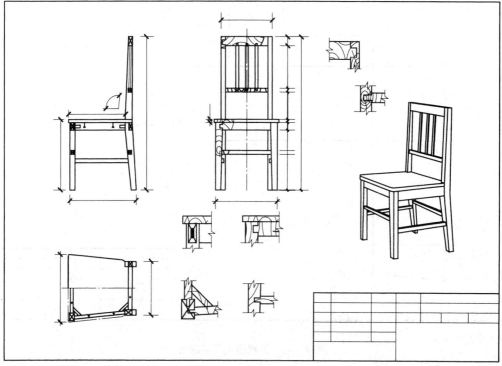

图 4 - 4c　细节和尺寸线

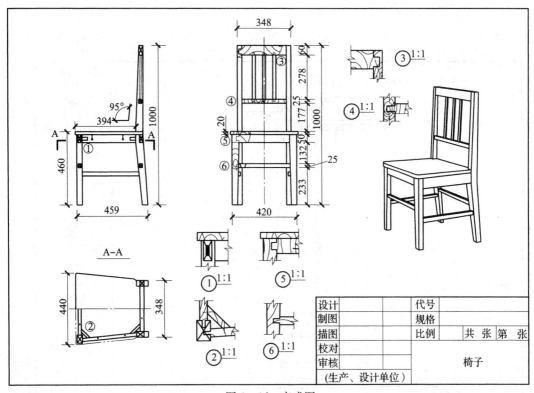

图 4 - 4d　完成图

第二节　实木家具图样绘制

《国家标准 GB/T 3324—2008 木家具通用技术条件》对实木类家具的定义：以实木锯材或实木板材为基材制作的、表面经涂饰处理的家具，或在此类基材上采用实木单板或薄木贴面后，再进行涂饰处理的家具。传统的实木家具以榫接合的框架为主体结构，然后嵌以拼板来分割空间，从而获得所需的功能区域；现代实木家具则或以榫接合、或以连接件接合、或以榫接合与连接件接合混用，具体采用哪种形式要根据产品的体量大小、质量要求和运输条件而定。

实木家具的生产制作主要以结构装配图为依据，再辅以部件图和少量的零件图（异型零件）。家具生产所需图纸均用 AutoCAD 软件绘制。为了便于生产交流，企业在绘制家具图样的过程中除严格执行《家具制图标准》外，还根据自身企业的实际增加部分符号或代号。现以某企业生产的双人床为例来说明实木家具图样的绘制。

一、设计图与结构装配图

具有一定规模的家具企业通常将产品开发分由两个不同的部门来承担：产品的款式外形由研发部完成；产品的结构与零件工艺由技术部负责。因而，产品的开发任务在设计方案基本确定后，主要由技术部门来完成。从设计表达的视角看，产品研发部主要绘制设计草图、设计效果图和设计图；技术部则主要绘制结构装配图、部件图、零件图、安装示意图和包装图等。

一般情况下技术部会将设计图与结构装配图合二为一进行绘制。图 4 - 5 是某企业雪橇床的设计图与结构装配图。

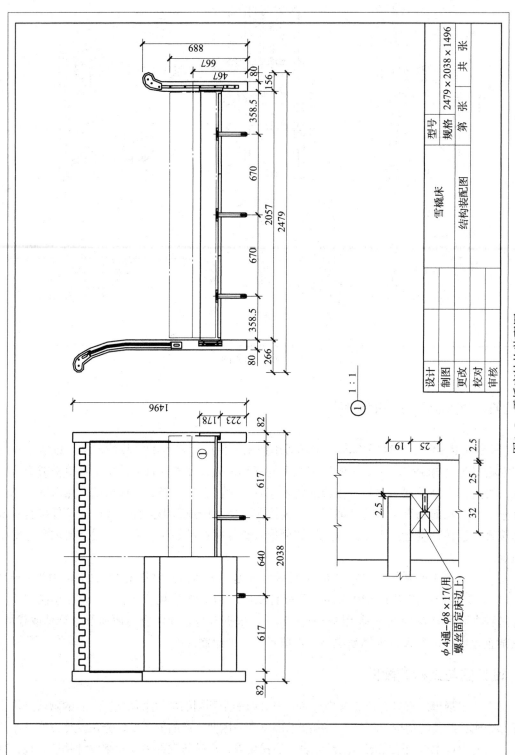

图4-5 雪橇床结构装配图

设计			型号			
制图			规格	2479×2038×1496		
更改			第 张	共 张		
校对		雪橇床				
审核		结构装配图				

1:1

二、部件图

双人床主要由高屏、低屏、床梃、床衬和床垫构成。其中高屏是床的视觉中心，既是设计的重点，也是表达的重点。因床垫为标准件，由专业厂家生产，可以不绘图。图4-6为高屏，图4-7为低屏，图4-8为床梃。

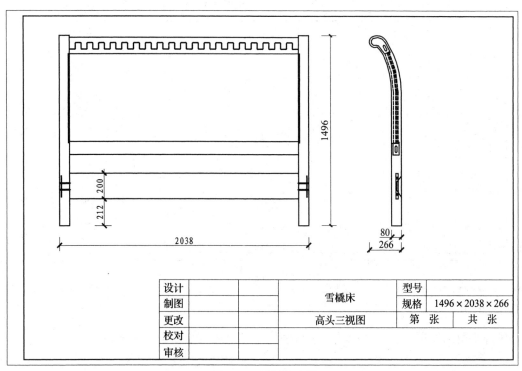

图4-6　雪橇床高屏

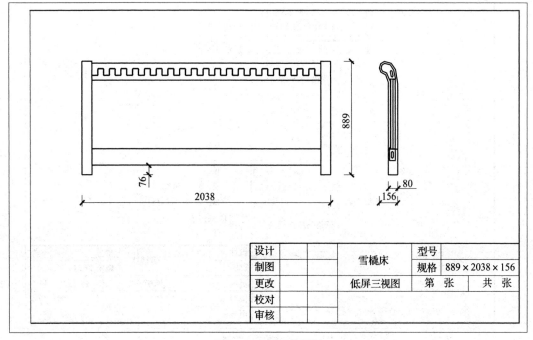

图4-7　雪橇床低屏

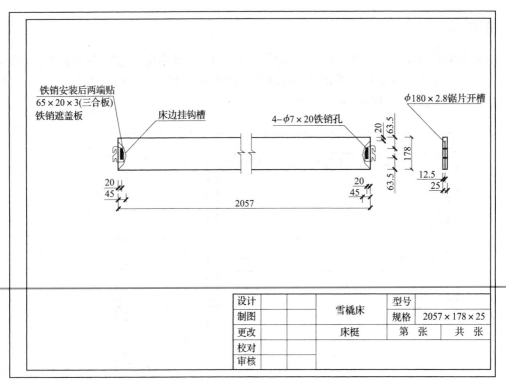

图 4 - 8　雪橇床床梃

三、零件图

床屏主要由立柱、帽头、拉档、芯板和压条等组成，如图 4 - 9a 至图 4 - 9m 所示。

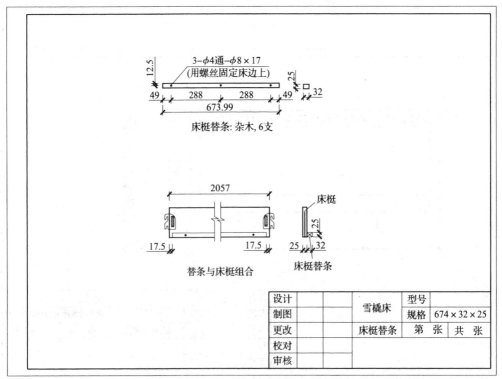

图 4 - 9a　雪橇床零件一

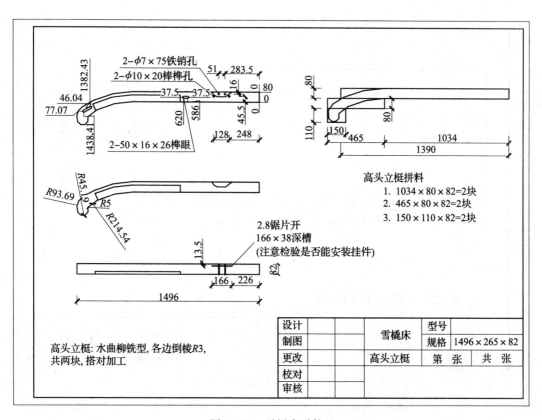

高头立梃拼料
1. $1034 \times 80 \times 82$ = 2块
2. $465 \times 80 \times 82$ = 2块
3. $150 \times 110 \times 82$ = 2块

2.8锯片开
166×38深槽
(注意检验是否能安装挂件)

高头立梃: 水曲柳铣型, 各边倒棱$R3$,
共两块, 搭对加工

设计		雪橇床	型号	
制图			规格	$1496 \times 265 \times 82$
更改		高头立梃	第　张	共　张
校对				
审核				

图4-9b　雪橇床零件二

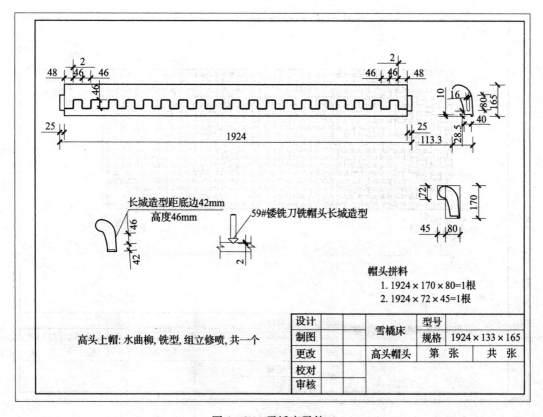

长城造型距底边42mm
高度46mm

59#镂铣刀铣帽头长城造型

帽头拼料
1. $1924 \times 170 \times 80$ = 1根
2. $1924 \times 72 \times 45$ = 1根

高头上帽: 水曲柳, 铣型, 组立修喷, 共一个

设计		雪橇床	型号	
制图			规格	$1924 \times 133 \times 165$
更改		高头帽头	第　张	共　张
校对				
审核				

图4-9c　雪橇床零件三

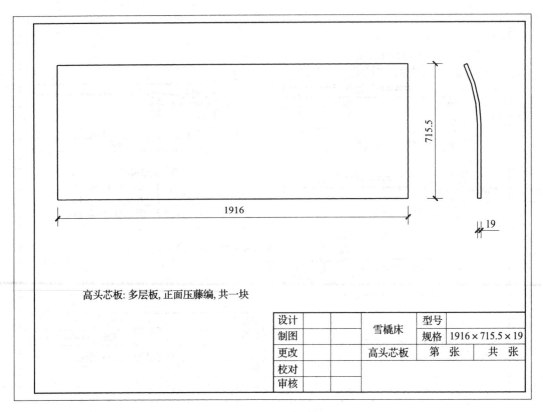

高头芯板: 多层板, 正面压藤编, 共一块

设计		雪橇床	型号	
制图			规格	$1916 \times 715.5 \times 19$
更改		高头芯板	第　张	共　张
校对				
审核				

图 4 – 9d　雪橇床零件四

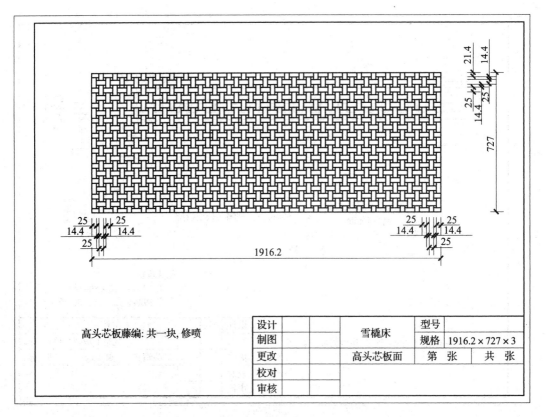

高头芯板藤编: 共一块, 修喷

设计		雪橇床	型号	
制图			规格	$1916.2 \times 727 \times 3$
更改		高头芯板面	第　张	共　张
校对				
审核				

图 4 – 9e　雪橇床零件五

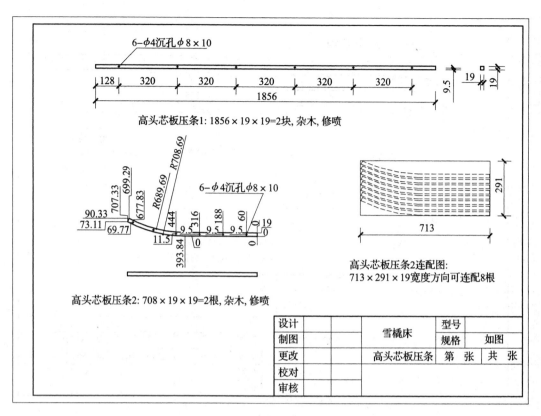

图 4-9f　雪橇床零件六

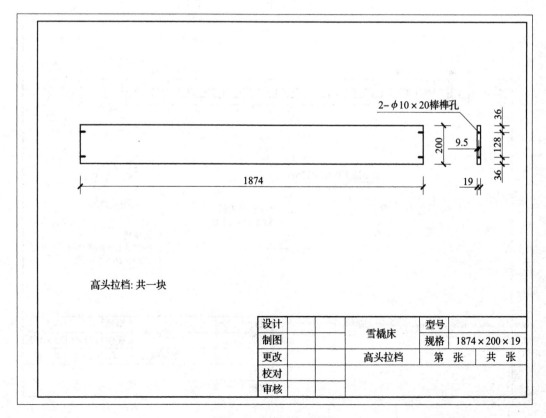

图 4-9g　雪橇床零件七

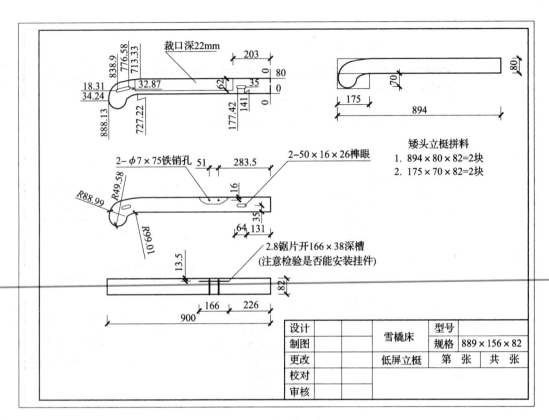

图 4-9h 雪橇床零件八

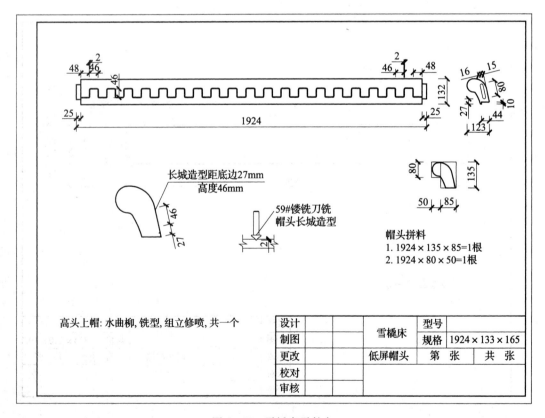

图 4-9i 雪橇床零件九

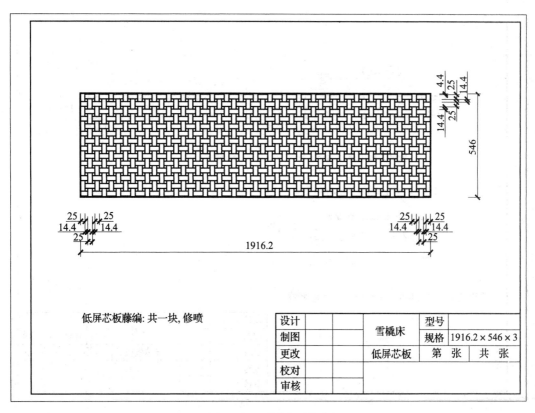

低屏芯板藤编: 共一块, 修喷

设计		雪橇床	型号	
制图			规格	1916.2 × 546 × 3
更改		低屏芯板	第　张	共　张
校对				
审核				

图 4 - 9j　雪橇床零件十

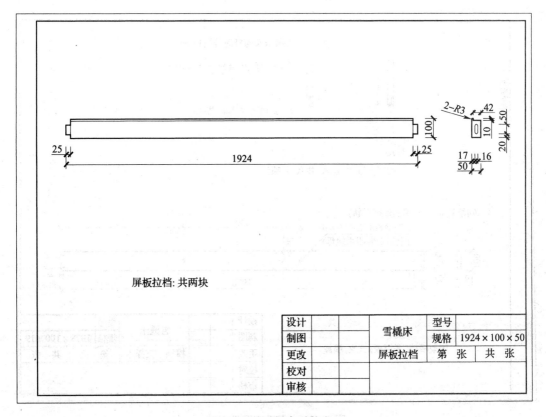

屏板拉档: 共两块

设计		雪橇床	型号	
制图			规格	1924 × 100 × 50
更改		屏板拉档	第　张	共　张
校对				
审核				

图 4 - 9k　雪橇床零件十一

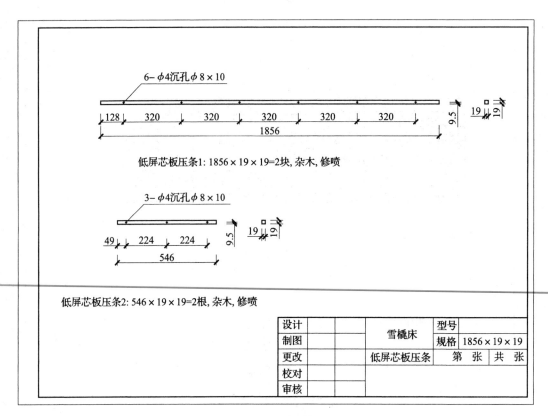

图 4－91　雪橇床零件十二

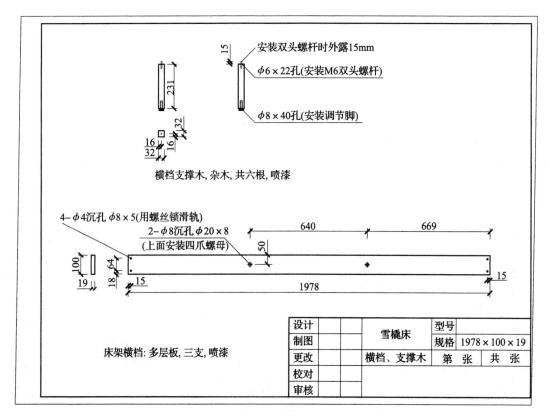

图 4－9m　雪橇床零件十三

第三节　板式家具图样绘制

板式家具是以人造板为基材的板件为主要构件，通过标准接口以圆榫或连接件接合而成的家具。与框式家具（实木家具）相比，板式家具的构件数量明显减少，其板件相当于框式家具中的部件。板式家具的生产通常以部件为基本单位，并逐渐实现"部件就是产品"的观念。因而，板式家具的图样以部件图（板件图）最为重要，设计图和结构装配图主要作为部件设计的依据，而拆装图则是为了现场安装或用于消费者自装配的说明。在绘图实践中，生产企业通常将设计图与结构装配图合二为一。现以某企业生产的床头柜为例说明其家具图样的绘制。

一、设计图与结构装配图

为了便于搬运，板式家具的主体结构多为拆装式。由于五金连接件的种类多种多样，因而在设计图与结构装配图中应该明确床头柜所采用的连接类型以及板件之间的相互位置关系。如图 4 - 10 所示，其结构装配图主要表现了旁板与面板、前后踢脚板的连接方式——偏心连接件接合；背板与旁板、面板的连接则是槽口连接；而抽屉则可作为常用部件单独绘制。

二、零部件图

床头柜的板件有：面板、旁板、背板、前后踢脚板和抽屉。抽屉又包括屉面板、屉旁板、屉底板和屉背板。部件图的主要内容除表现板件的规格大小、表面装饰及材料类型外，重点应表现各种孔的规格大小和位置。如图 4 - 11a 至图 4 - 11j 所示。

三、拆装图与装配示意图

拆装图的作用是为方便现场装配的，在表达时应有清晰的说明性和示意性，并示意安装时所应选用的工具和步骤，通常以爆炸图的形式表现。装配示意图如前文中图 3 - 20 所示。

四、包装图

为了保证家具板件在运输过程中不受损坏，通常需对产品进行包装设计。包装示意图示例如前文中图 3 - 22 所示。

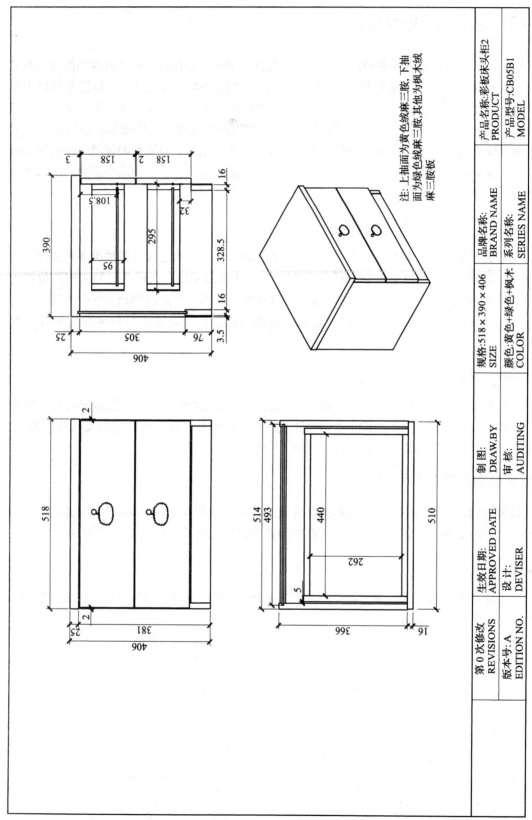

注:上抽面为黄色绒麻三胺,下抽面为绿色绒麻三胺,其他为枫木绒麻三胺版

产品名称:彩板床头柜2 PRODUCT
产品型号:CB05B1 MODEL

品牌名称: BRAND NAME
系列名称: SERIES NAME

规格:518×390×406 SIZE
颜色:黄色+绿色+枫木. COLOR

制图: DRAW.BY
审核: AUDITING

生效日期: APPROVED DATE
设计: DEVISER

第0次修改 REVISIONS
版本号:A EDITION NO.

图4-10 床头柜结构装配图

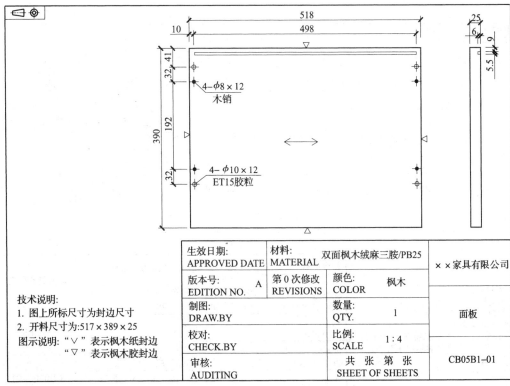

生效日期: APPROVED DATE	材料: MATERIAL	双面枫木绒麻三胺/PB25	××家具有限公司
版本号: EDITION NO. A	第0次修改 REVISIONS	颜色: COLOR 枫木	
制图: DRAW.BY		数量: QTY. 1	面板
校对: CHECK.BY		比例: SCALE 1:4	
审核: AUDITING		共张第张 SHEET OF SHEETS	CB05B1-01

技术说明:
1. 图上所标尺寸为封边尺寸
2. 开料尺寸为:517×389×25
图示说明:"∨"表示枫木纸封边
        "▽"表示枫木胶封边

图 4 – 11a

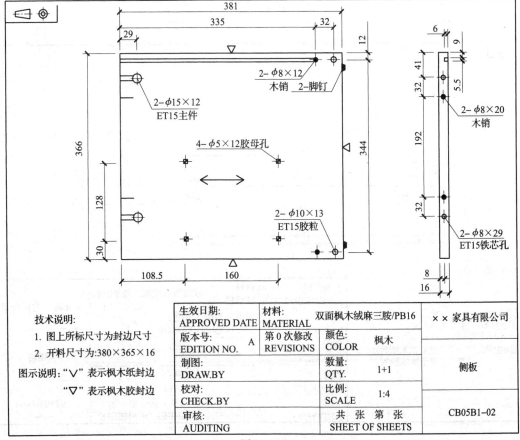

生效日期: APPROVED DATE	材料: MATERIAL	双面枫木绒麻三胺/PB16	××家具有限公司
版本号: EDITION NO. A	第0次修改 REVISIONS	颜色: COLOR 枫木	
制图: DRAW.BY		数量: QTY. 1+1	侧板
校对: CHECK.BY		比例: SCALE 1:4	
审核: AUDITING		共 张 第 张 SHEET OF SHEETS	CB05B1-02

技术说明:
1. 图上所标尺寸为封边尺寸
2. 开料尺寸为:380×365×16
图示说明:"∨"表示枫木纸封边
        "▽"表示枫木胶封边

图 4 – 11b

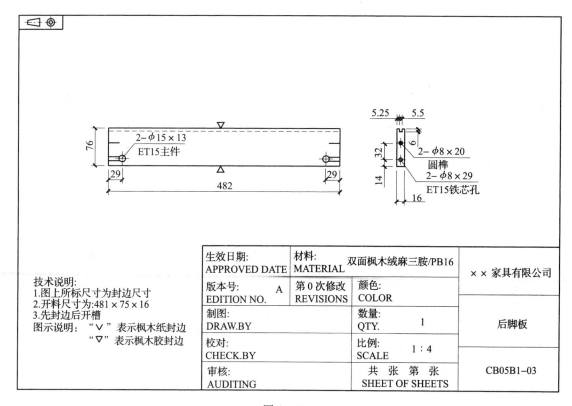

技术说明：
1.图上所标尺寸为封边尺寸
2.开料尺寸为：481×75×16
3.先封边后开槽
图示说明："∨"表示枫木纸封边
　　　　　"▽"表示枫木胶封边

生效日期：APPROVED DATE	材料：MATERIAL 双面枫木绒麻三胺/PB16		××家具有限公司
版本号：EDITION NO. A	第0次修改 REVISIONS	颜色：COLOR	
制图：DRAW.BY		数量：QTY. 1	后脚板
校对：CHECK.BY		比例：SCALE 1：4	
审核：AUDITING		共 张 第 张 SHEET OF SHEETS	CB05B1-03

图 4 - 11c

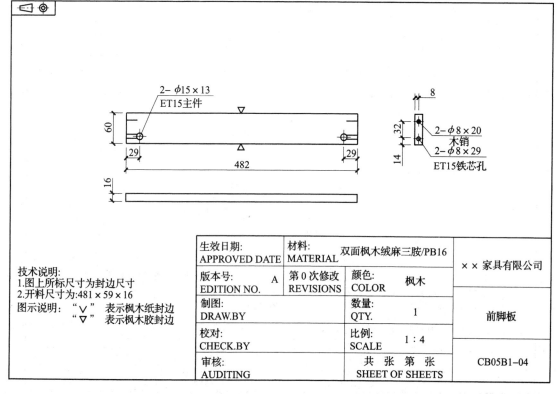

技术说明：
1.图上所标尺寸为封边尺寸
2.开料尺寸为：481×59×16
图示说明："∨"表示枫木纸封边
　　　　　"▽"表示枫木胶封边

生效日期：APPROVED DATE	材料：MATERIAL 双面枫木绒麻三胺/PB16		××家具有限公司
版本号：EDITION NO. A	第0次修改 REVISIONS	颜色：COLOR 枫木	
制图：DRAW.BY		数量：QTY. 1	前脚板
校对：CHECK.BY		比例：SCALE 1：4	
审核：AUDITING		共 张 第 张 SHEET OF SHEETS	CB05B1-04

图 4 - 11d

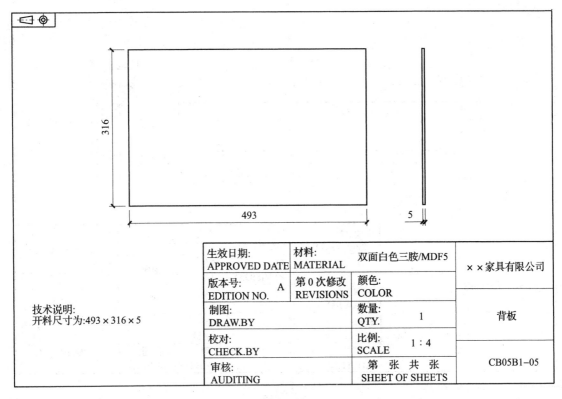

图 4 - 11e

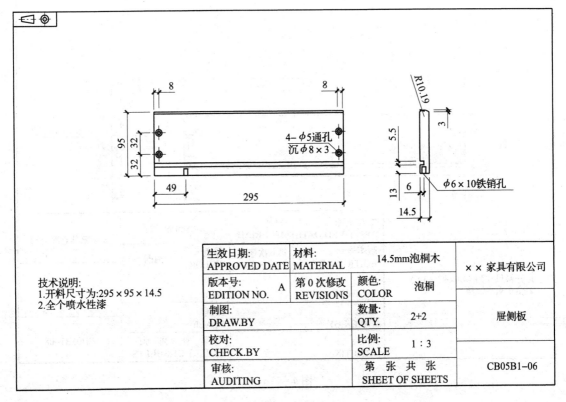

图 4 - 11f

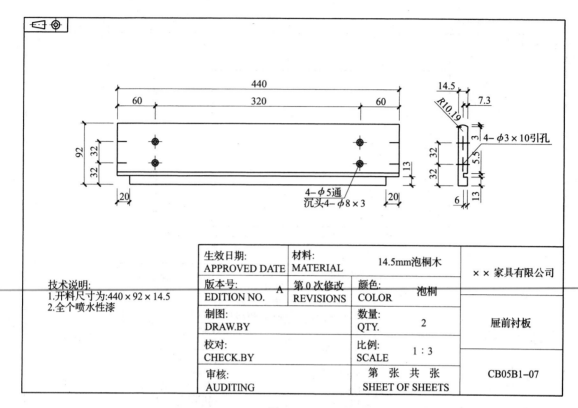

技术说明：
1. 开料尺寸为：440×92×14.5
2. 全个喷水性漆

生效日期： APPROVED DATE	材料： MATERIAL	14.5mm泡桐木	××家具有限公司
版本号： EDITION NO.	A 第0次修改 REVISIONS	颜色： COLOR 泡桐	
制图： DRAW.BY		数量： QTY. 2	屉前衬板
校对： CHECK.BY		比例： SCALE 1：3	
审核： AUDITING		第 张 共 张 SHEET OF SHEETS	CB05B1-07

图 4-11g

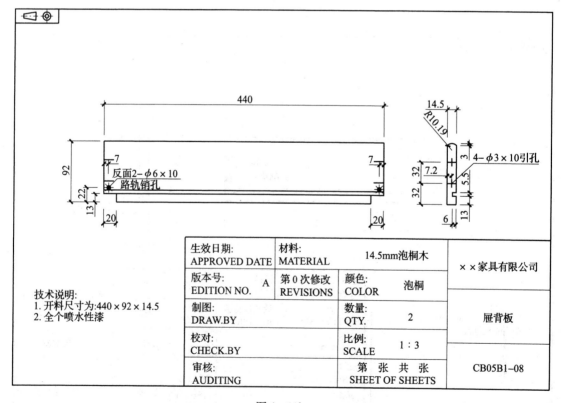

技术说明：
1. 开料尺寸为：440×92×14.5
2. 全个喷水性漆

生效日期： APPROVED DATE	材料： MATERIAL	14.5mm泡桐木	××家具有限公司
版本号： EDITION NO.	A 第0次修改 REVISIONS	颜色： COLOR 泡桐	
制图： DRAW.BY		数量： QTY. 2	屉背板
校对： CHECK.BY		比例： SCALE 1：3	
审核： AUDITING		第 张 共 张 SHEET OF SHEETS	CB05B1-08

图 4-11h

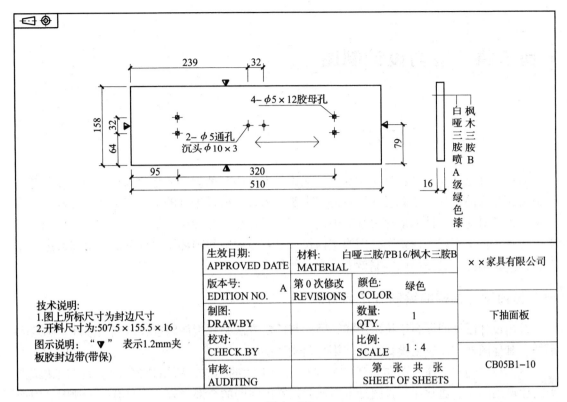

图 4－11i

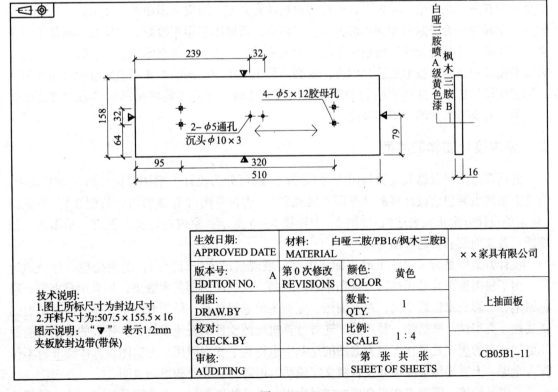

图 4－11j

第五章　室内设计制图

第一节　室内设计制图概述

室内设计是建筑设计的延续和深化，无论是室内空间的创造还是室内界面的装饰，都是依据建筑物为前提的，或者说建筑物的存在是室内设计得以进行的基础和条件，这些都反映了室内设计对建筑设计的依存关系。因而，室内设计制图多沿用建筑制图的方法和标准。但室内设计图样又不同于建筑图，因为室内设计是对室内空间和环境的再创造，空间形态千变万化，复杂多样，其图样的绘制就有着自身的特点。

一、室内设计图样的绘制方法与特点

室内设计图样同样属于技术图样，因而其绘制方法必须遵循国家技术制图标准。除效果图外，其他图样均需按正投影方式，第一角画法绘制。

室内设计图样与建筑图样和产品图样相比有很大的不同，所用比例（比值）比建筑图大而比产品图小；通常在一张图纸上不能表现室内空间的全部内容，而只有一个视图，因而每张图纸都必须标注图名和比例，如：一层平面图 1:100、一层 C 立面 1:50 等；视图的对应关系没有产品图严格。室内设计所用的材料种类繁多，因而其图面符号复杂，一般都需要附加文字标注。为了制图和施工的方便，室内设计顶棚图不用正投影方式绘制，而是采用镜像方法绘图，这是行业约定俗成的做法，而无需说明。由于室内空间尺度一般较大，要想在有限的图纸幅面内完整地表达其内容，就必须采用缩小的比例绘图或用电脑绘图后需要用缩小的比例输出打印，这样所绘制的室内平面图、立面图等不可能将局部构造表达得清晰详尽，因而需要有大量的详图作补充。

二、室内设计图样的类型

室内设计图样根据其性质与作用的不同，一般可分为设计方案图和设计施工图两大类。设计方案图主要包括设计草图（平面布局规划）、透视草图（意境的构思与创造）、方案图（确定的设计方案正式表达），如图 5 - 1 至图 5 - 5 所示；室内设计施工图有：平面图、顶棚图、各立面图、构造详图等。

设计方案图是为了向业主或招标评审单位展现自己的设计意图，配色处理，材料的运用。为了使图面更具易识性，方案图常以写意的方法提高图面艺术效果，如采用马克笔、彩色铅笔、水彩、水粉等工具，对平面图、立面图等进行色彩、阴影和配景处理，加强图面的真实性、典型性、概括性、易读性。随着计算机绘图软件的快速发展，其强大的绘图功能及其更加真实的表现效果在正规方案图的绘制中也得到了普遍应用。方案图对具体细节暂不作深入考虑，无需详细标注尺寸及材料文字说明，但需要有设计构思的说明。

室内设计施工图重点在于合理的材料应用、准确的制作尺寸和合理的施工方法，以便使设计方案能够付诸实施。绘制施工图的过程实际上也是工程的具体设计过程。在此阶段要对

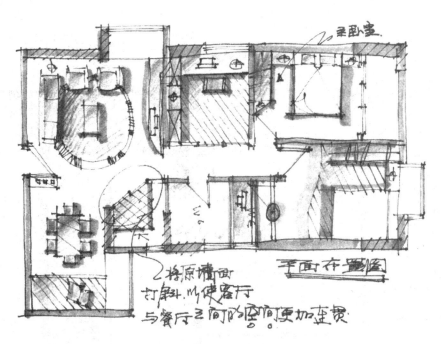

图 5-1 平面布局规划草图

图 5-2 透视草图

平面图、立面图、顶棚图进行全面仔细地推敲，慎重选定材料的种类，并对色彩进行合理搭配，使设计方案既具有功能的合理性、舒适性、美观性，又具有施工的可行性；进一步完善图面内容，增加大量详图（包括构造详图、家具大样图）、选用装饰材料样板图和施工说明等，最后装订成册。

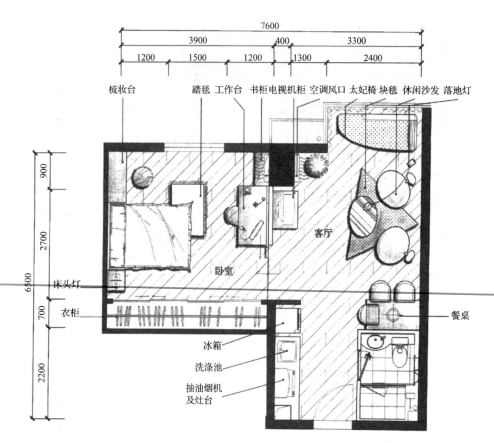

图 5-3　平面方案图

图 5-4　手绘透视方案图

图 5 - 5 电脑表现方案图

绘制好一套完整的施工图，不是在课堂上能完全掌握的，必须多加练习，多接触装饰材料，到施工现场观察施工程序和材料构造，不断积累经验。

室内设计方案图的画法可以通过表现技法课程来掌握，对于透视的原理及基本画法见后面章节专门介绍，本章重点讲解室内设计施工图的绘制方法。

三、室内设计图样的作用与要求

室内设计图是用来与业主交流沟通以及指导施工的技术性文件，也是设计师创作过程的记录和表现设计思想的载体。因而，室内设计图样应运用适当的方式，完整全面地表达室内设计的内容。

室内设计是根据建筑物的使用性质、所处环境和相应标准，运用物质技术手段和建筑美学原理，创造功能合理、舒适优美、满足人们物质和精神生活需要的室内环境。这一空间环境既具有使用价值，满足相应的功能要求，同时也反映了历史文脉、建筑风格、环境气氛等精神因素。其主要内容包括室内空间的布局，空间形状、大小以及功能区域的划分，营造室内环境所需的材料、设施的布置和做法等。室内设计的具体要求如下：

（1）具有使用功能合理的室内空间组织和平面布局，提供符合使用要求的室内声、光、热环境，以满足室内空间物质功能的需要；

（2）具有造型优美的空间构成和界面处理，宜人的光、色和材质配置，符合建筑物性格的环境气氛，以满足室内环境精神功能的需要；

（3）采用合理的装修构造和技术措施，选择合适的装饰材料和设施设备，使其具有良好的经济效益；

（4）符合安全疏散、防火、卫生等设计规范，遵守与设计任务相适应的有关定额标准；

（5）随着时间的推移，考虑具有适应调整室内功能、更新装饰材料和设备的可能性；

（6）联系到可持续性发展的要求，室内环境设计应考虑室内环境的节能、节材、防止污染，并注意充分利用室内空间。

现代室内设计考虑问题的出发点和最终目的都是为人服务，满足人们生活、生产活动的需要，为人们创造理想的室内空间环境，使人们感到生活在其中，受到关怀和尊重；一经确定的室内空间环境，同样也能启发、引导，甚至在一定程度上改变人们活动于其间的生活方式和行为模式。

室内设计制图除满足设计内容外，还应科学化、人性化。室内设计图样绘制的程序基本上是按照设计思维的过程来设置的，一般要经过概念设计、方案设计和施工设计三个阶段。其中，平面功能布局和空间形象构思草图是概念设计阶段图样绘制的主题；透视图和平面图是方案设计阶段图样绘制的主题；平立面图、剖面图和细部节点详图则是施工图设计阶段图样绘制主题。

为了达到图样的功能和要求，室内设计图样的绘制要遵守一定的技术图样绘制标准，见下节具体介绍。室内设计图绘制的基本要求是正确、完整、清晰、美观。

第二节　室内设计制图标准

室内设计图样是专业设计单位的"技术产品"，是建筑装饰工程施工、工程监理、竣工验收的依据，对保证设计质量具有相应的技术与法律责任。为了保证制图质量，提高制图效率，做到制图规范，图面清晰、简明，符合设计、施工、监理、竣工、存档的要求，适应建筑室内装饰工程建设的发展需要，必须统一制图规则。以下是国家现行有关标准以及各有关专业制图标准中关于建筑室内装饰设计制图的基本规则要求。这些标准规定适用于手工制图和计算机制图方式绘制的各种新建、改建、扩建工程的各方案设计和施工阶段设计图及竣工图，原有建筑物、构筑物和总平面的实测图和建筑室内装饰设计通用设计图、标准设计图。

一、室内设计图样绘制遵循的基本标准规定

（1）图纸幅面规格及图框尺寸同其他制图标准规定一样，一般以 A3 为主；图纸以短边作垂直边称为横式，以短边作水平边称为立式；一般 A0～A3 图纸宜横式使用，必要时，也可立式使用；一套图纸要统一幅面和样式；

（2）图纸上所需书写的文字、数字、绘图需选用的比例等相关内容见前面制图基本规定所述；

（3）室内设计图样投影方法、透视图和轴测图的画法同其他制图基本规定，见相关章节具体介绍。

二、标题栏与会签栏

室内设计图纸标题栏、会签栏及装订边的位置，横式使用的图纸，可按图 5-6 格式布置：由 A 设计单位名称区、B 合作设计会签区、C 签字区、D 建设单位工程名称图名区、E 专业工程设计阶段图号区、F 建筑室内设计师盖章区、G 单位出图章区 7 个区组成，居住建筑室内设计公司可将 B 区调整为客户会签区。

涉外工程图纸的标题栏，各项主要内容的中文下方应附有译文，设计单位名称的上方应加上"中华人民共和国"字样。C 签字区栏，栏内应填写签字人员所代表的专业、姓名、

日期（年、月、日），一般至少三级签字，职称应由低（或相等）到高，图5-7所示为A3图纸的标题栏布置样式。

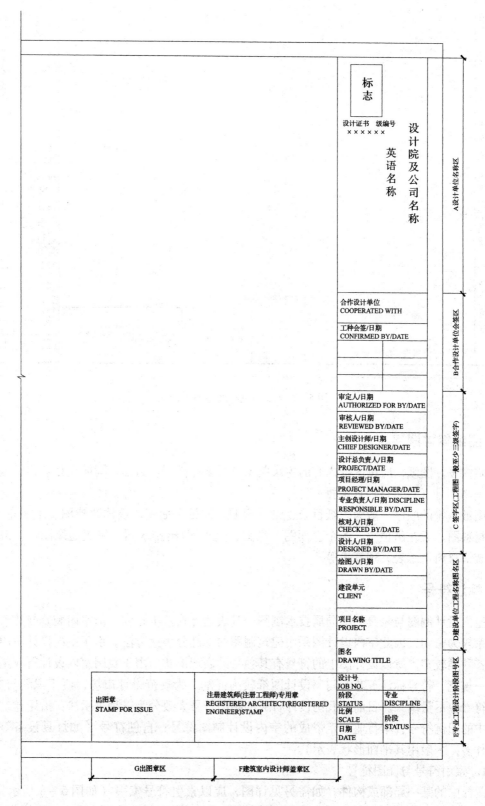

图5-6　图纸标题栏分区

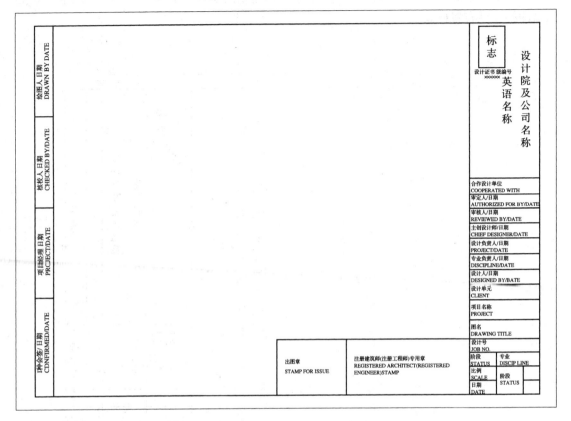

图 5-7　A3 图纸标题栏布置样式

三、图纸编排顺序

室内设计图纸，应按图纸内容的主次关系有系统地排列。封面，写明项目名称、编制单位，编制年月（可自行设计编排）。

图纸编排的顺序一般为图纸目录、设计说明、原始平面图、墙体改建图、平面布置图、地面材料图、天花吊顶图、各个立面图、详图、电气图/给排水图、采暖通风图等；最后还应有装饰材料汇总表、预算表等。

四、标注符号

室内设计制图与家具制图同属技术制图，其表达方式基本相同。但室内装修与建筑工程的关系较为密切，因此室内设计图采用建筑制图的一部分表达方法。由于室内设计所用材料及设备种类较多，所以设计图上的符号有其独特的表现形式。由于我国室内设计行业至今尚未统一规范，符号标注五花八门，设计图纸较为混乱。为规范设计市场，便于识图与交流，常见符号应尽量统一。目前，我国设计行业的制图符号大致分为三种表示法：沿用建筑制图标准中的图例符号；本行业约定俗成的室内设计制图符号；自创符号（如灯具设备等，灯具品种多，一般用其平面形状表示）。

1. 索引符号与详图符号

图样中的某一局部或构件，如需另见详图，应以索引符号索引（如图 5-8 所示），索引符号的圆及直径均应以细实线绘制，圆的直径应为 10mm。索引符号应按下列规定编写：

（1）索引出的详图，如与索引的图样在一张图纸内，应在索引符号的上半圆中用阿拉伯数字注明该详图的编号，并在下半圆中间画一段水平细实线［如图5-8（a）所示］；

（2）索引出的详图，如与被索引的图样不在同一张图纸内，应在索引符号的下半圆中用阿拉伯数字注明该详图所在的图纸的图纸号［如图5-8（b）、（c）所示］；

（3）索引符号如用于索引剖面详图，应在被剖切的部位绘制剖切位置线，并应以引出线引出索引符号，引出线所在的一侧应为剖视方向［如图5-8（d）所示］。

图5-8 索引符号

（a）被索引详图在本张图纸上 （b）、（c）被索引详图在别张图纸上 （d）剖面详图索引

详图的位置和编号，应以详图符号表示，详图符号应以粗实线绘制，直径为12mm。详图应按下列规定编号：

（1）详图与被索引的图样同在一张图纸内时，应在详图符号内用阿拉伯数字注明详图的编号；

（2）详图与被索引的图样，如果不在同一张图纸内，可用细实线在详图符号内画一水平直径，在上半圆中注明详图编号，在下半圆中注明被索引图纸的图纸号，也可不注被索引图纸的编号。

2. 室内立面符号

室内立面图的名称，应根据平面图中内视符号的编号或字母确定。为了表示室内立面在平面图中的位置，应在平面图上用内视符号注明视点位置、方向及立面符号。内视符号可以用数字或大写字母按顺时针编号，如图5-9（a）所示。也可用指北针指示方向，指北针宜用细实线绘制，其形状如图5-9（b）所示，圆的直径宜为24mm，指针尾部的宽度宜为3mm。需用较大直径绘制指北针时，指针尾部宽度宜为直径的1/8，即$d/8$。室内立面图的名称可直接用房间名称加内视方向符号组成，如客厅A立面图。

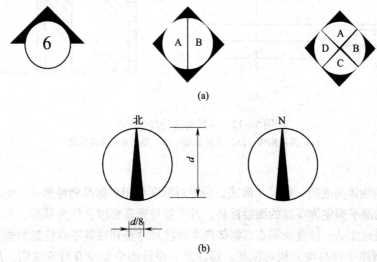

图5-9 立面内视符号

3. 引出线

引出线以细实线绘制，宜采用水平方向的直线或与水平方向成30°、45°、90°的直

线，或经上述角度再折为水平的折线。文字说明宜注写在横线的上方，如图 5 - 10（a）所示，也可注写在横线的端部，如图 5 - 10（b）所示。索引详图的引出线，应与水平直径线相连接，如图 5 - 10（c）所示。

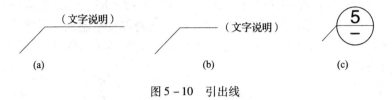

图 5 - 10　引出线

同时引出几个相同的部分的引出线，宜相互平行，如图 5 - 11（a）所示，也可画成集中于一点的放射线，如图 5 - 11（b）所示。

图 5 - 11　同时引出几个相同部分的引出线

多层构造或多层管道的公共引出线，应通过被引出线的各层，文字说明宜注写在横线的端部或上方，说明的顺序应由上至下，并且应与被说明的层次相互一致；如层次为横向排列，则由上至下的说明顺序应与由左至右的层次相互一致。多层构造引出线用细实线绘制，引出线应通过各层，如图 5 - 12 所示。

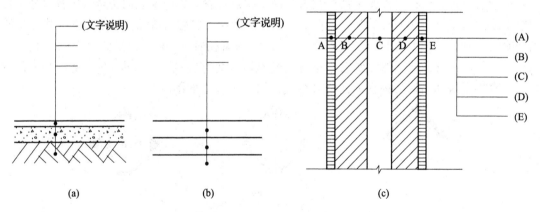

图 5 - 12　多层构造公共引出线
（a）多层构造　（b）多层管道　（c）横向排列多层构造

4. 标高符号

标高是标注物体高度的一种尺寸形式，分绝对标高和相对标高两种形式。绝对标高是以青岛附近黄海平均海平面定为零点的测绘标高，其他各地标高都以它作为基准；相对标高是设定设计空间的底层地面某一位置为零点，物体高度标注尺寸是相对其零点位置的垂直距离。

室内设计制图中标高均为相对标高。请注意：设计图中如没有特殊说明，尺寸一般以毫米为单位，标高一定是以米为单位，标注写到小数点以后第三位，在总平面图中，标注可写到小数点以后第二位。

底层地面零点位置的标高表示为 ± 0.000。高于底层地面零点位置的标高为正数，如

+3.000；低于底层地面零点位置的标高为负数，如 - 0.600。

在室内设计制图中，标高符号主要用于标注楼层地面高度或立面图中高度方向的某些尺寸，如吊顶、壁灯、结构构件、主要家具的高度，以及顶棚图的顶面吊顶高度。

平面图上的标高符号，应按图 5 - 13（a）所示形式以细实线绘制，如标注位置不够，可按图 5 - 13（b）所示形式绘制，标高符号的具体画法如图 5 - 13（c）所示。

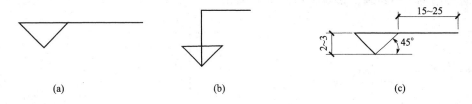

图 5 - 13　平面图标高符号

总平面图上的标高符号，宜用涂黑的三角形表示，其具体画法如图 5 - 14（a）、（b）所示。

图 5 - 14　总平面图上的标高符号

在图样的同一个位置需要表示几个不同的标高时，标高数字可按图 5 - 15 所示的形式注写。

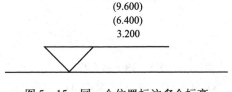

图 5 - 15　同一个位置标注多个标高

立面图上的标高符号如图 5 - 16 所示：

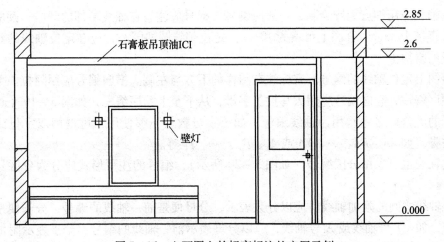

图 5 - 16　立面图上的标高标注的应用示例

5. 其他符号

对称符号应用细实线绘制，平行线的长度宜为 6 ~ 10mm，平行线的间距宜为 2 ~ 3mm，平行线在对称线两侧的长度应该相等，如图 5 - 17（a）所示。

连接符号应以折断线表示需连接的部位，应以折断线两端靠图样一侧的大写拉丁字母表示连接编号。两个被连接的图样，必须用相同的字母编号，如图 5 - 17（b）、（c）所示。零件编号也要用细实线绘制，如图 5 - 17（d）所示。

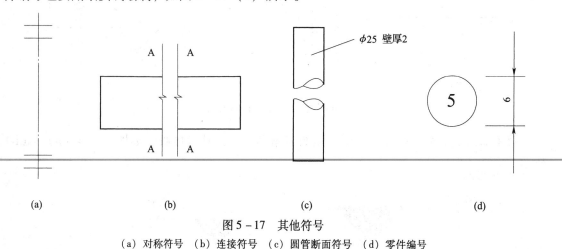

（a）　　　　　　　（b）　　　　　　　（c）　　　　　　　（d）

图 5 - 17　其他符号

（a）对称符号　（b）连接符号　（c）圆管断面符号　（d）零件编号

在室内设计图中常用箭头符号表示方向，如门、窗开启，楼梯踏步上下及窗帘开启方向等。其形状如图 5 - 18 所示，用细实线，箭头用粗实线 45°组成。

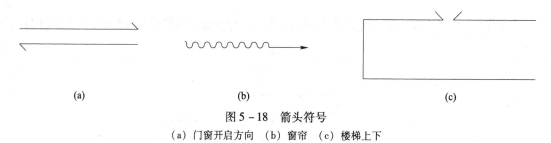

（a）　　　　　　　　　　　（b）　　　　　　　　　　　（c）

图 5 - 18　箭头符号

（a）门窗开启方向　（b）窗帘　（c）楼梯上下

五、定位轴线

定位轴线应用细点划线绘制，一般应编号，标号应注写在轴线端部的圆内，圆应用细实线绘制，直径为 8mm，详图上可增为 10mm。定位轴线圆的圆心，应在定位轴线的延长线上或延长线的折线上。

平面图上定位轴线的编号，宜标注在图样的下方与左侧。横向编号应用阿拉伯数字，从左至右顺序编写，竖向编号应用大写拉丁字母，从下至上顺序编写，如图 5 - 19（a）所示。拉丁字母的 I、O、Z 不得用为轴线编号。如果字母数量不够使用，可增用双字母或单字母加数字注脚，如 AA、BA、$\cdots$、YA 或 A_1、B_1、$\cdots$、Y_1 等。

定位轴线也可采用分区编号（如图 5 - 20 所示），编号的注写形式应分为分区号与该区轴线号。

两根轴线之间的附加轴线，应以分数表示，分母便是前一轴线的编号，分子便是附加轴线的编号，如：1 号轴线或 A 号轴线，应以分母表示前一轴线的编号，分子表示附加轴线的编号，编号宜用阿拉伯数字顺序编写，如图 5 - 21 所示。

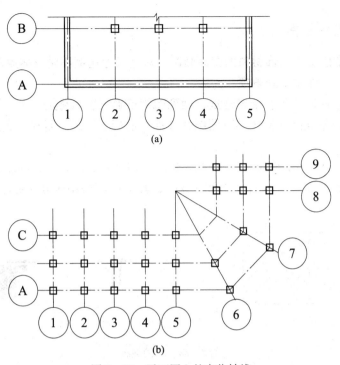

图 5 – 19 平面图上的定位轴线

（a）平面图上定位轴线的编号 （b）折线形平面轴线编号

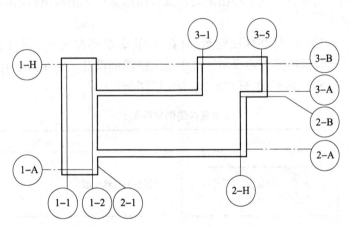

图 5 – 20 分区编号定位轴线

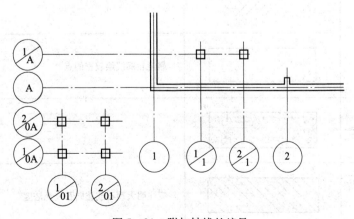

图 5 – 21 附加轴线的编号

六、常用室内设计图例

这里只列出常用室内装饰材料的图例画法，对其尺寸比例不做具体规定。使用时，应根据图样大小而定，并注意下列事项：

（1）图例线应间隔均匀，疏密适度，做到图例正确、表示清楚；

（2）同类材料不同品种使用同一图例时（如：混凝土、砖、石材、金属等），应在图上附加必要的说明；

（3）两个相同的图例相接时，图例线宜错开，使倾斜方向相反，如图5-22（a）所示；

（4）两个相邻的涂黑图例间，应留有空隙，其宽度不得小于0.7mm，如图5-22（b）所示。

（a）　　　　　　　　　　　　　　　　（b）

图5-22　图例画法

（a）相同图例相接时的画法　（b）相邻涂黑图例的画法

当一张图纸内的图样，只用一种图例时，或者图形太小无法画出材料图例时，可不画图例，但应加文字说明。

面积过大的材料图例，可在断面轮廓线内，沿轮廓线局部表示。除了使用标准的图例外，可自编图例，但自编的图例不得与标准中规定的图例重复，应在图纸上适当位置画出该材料图例，并加以说明。表5-1至表5-4为常用图例。

表5-1　　　　　　　　　　　　常用室内装饰材料图例

名称	图例	备注
自然土壤		包括各种自然土壤
夯实土壤		—
砂、灰土		靠近轮廓线绘较密的点
砂砾石、碎砖三合土		—
天然石材		应注明大理石或花岗石及光洁度

续表

名称	图例	备注
毛石		应注明石料块面大小及品种
普通砖		包括实心砖、多孔砖、砌块等砌体。断面较窄不易绘出图例线时，可涂黑
耐火砖		包括耐酸砖等砌体
空心砖		指非承重砖砌体
混凝土		本图例指能承重的混凝土及钢筋混凝土，包括各种强度等级、骨料、添加剂的混凝土。在剖面图上画出钢筋时，不画图例线，断面图形小，不易画出图例线时，可涂黑
钢筋混凝土		
焦渣、矿渣		—
多孔材料		包括实心砖、水泥珍珠岩、沥青珍珠岩、泡沫混凝土、非承重加气混凝土、软木、蛭石制品等
饰面砖		注明釉面砖或同质面砖规格尺寸
纤维材料		包括矿棉、岩棉、玻璃棉、麻丝、木丝板、纤维板等
松散材料		注明材料名称
金属		包括各种金属，图形小时，可涂黑
石膏板		包括圆孔、方孔石膏板，防水石膏板等，注明厚度

续表

名称	图例	备注
轻钢龙骨纸面石膏板	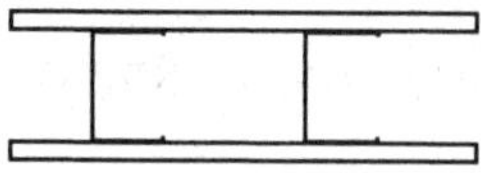	注明系列、石膏板厚度，中有填充材料，注明质地厚度，若是圆弧形，注明圆弧形半径
液体		应注明具体液体名称
防水材料		构造层次多或比例大时，采用上面图例
粉刷	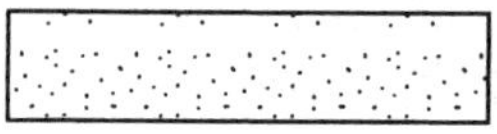	本图例采用较稀的点
窗帘	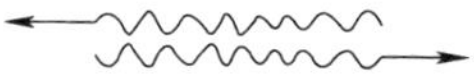	箭头所示为开启方向

表 5 – 2　　　　　　　　　　给排水图例

名称	图例	名称	图例
冷水管		防溢返式地漏	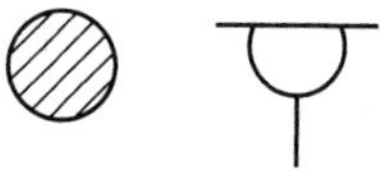
热水管		带洗衣机插口地漏	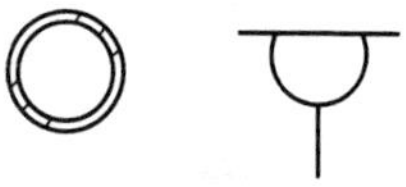
排水管		存水弯	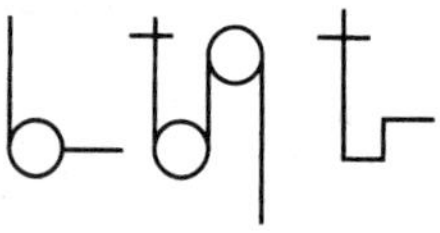
热水嘴（平面图）			
冷水嘴（平面图）	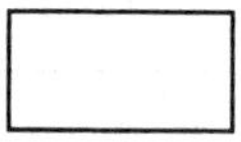	通气帽	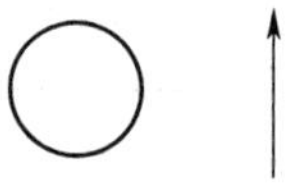
水嘴（系统图）	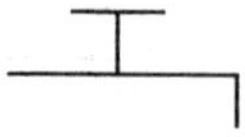	—	—
角阀		—	—
闸阀		—	—
截止阀			

表 5 - 3　　　　　　　　　　　　**灯光照明、消防、空调、弱电图例**

名称	照明图例	名称	消防、空调、弱电图例
艺术吊灯		喷淋	
吸顶灯		喇叭	
射墙灯		烟感器	
冷光筒灯（注明）		温感器	
暖光筒灯（注明）		摄像头	
射灯		投影仪	
导轨射灯		送风口	条形　方形
300×1200 日光灯 灯管以虚线表示		回风口	条形　方形
600×600 日光灯		电话	
暗灯槽		电脑	
壁灯		消防出口	EXIT

表 5 - 4   电气插座开关图例

名称	图例	型号、规格、做法
二极扁圆插座		暗装，离地高 2.0 米，供排气扇用
二三极扁圆插座		暗装，离地高 1.3 米
二三极扁圆地插座		带盖地装插座
二三极扁圆插座		暗装，离地高 0.3 米
二三极扁圆插座		暗装，离地高 2.0 米
带开关二三极插座		暗装，离地高 1.3 米
普通型三极插座		暗装，离地高 2.0 米，供空调用电
防溅二三极插座		暗装，离地高 1.3 米
带开关防溅二三极插座		暗装，离地高 1.3 米
三相四极插座		暗装，离地高 0.3 米
单联单控跳板开关		暗装，离地高 1.3 米

续表

名称	图例	型号、规格、做法
双联单控跳板开关	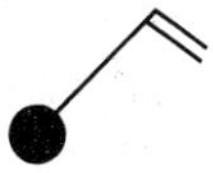	暗装，离地高 1.3 米
三联单控跳板开关	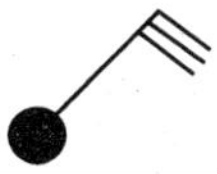	暗装，离地高 1.3 米
四联单控跳板开关		暗装，离地高 1.3 米
声控开关	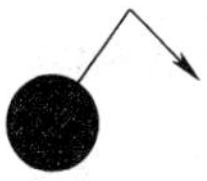	暗装，离地高 1.3 米
单联双控跳板开关	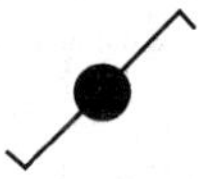	暗装，离地高 1.3 米
双联双控跳板开关	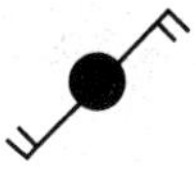	暗装，离地高 1.3 米
三联双控跳板开关		暗装，离地高 1.3 米
四联双控跳板开关		暗装，离地高 1.3 米
弱电综合分线箱	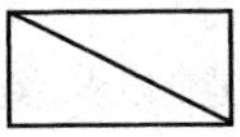	暗装，除图中注明外，底边离地高 0.5 米
配电箱		除图中注明外，底边离地高 1.6 米
电话分线箱		暗装，除图中注明外，底边离地高 1.0 米

续表

名称	图例	型号、规格、做法
电脑分线箱	HUB	暗装，除图中注明外，底边离地高 0.5 米
音响系统分线盒	M	置视听柜内
弱电过路接线盒	R	安置在墙内，离地高 0.3 米，平面图中的数据根据穿线要求定
电视器件箱	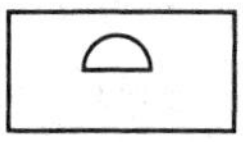 ⌓	电视局定产品，离地高 0.5 米
电话出线座	T	暗装，离地高 0.3 米，卫生间 1.0 米。厨房 1.5 米
电视出线座	TV	暗装，离地高 0.3 米
卫星电视出线座	SV	暗装，离地高 0.3 米
音响出线座	M	暗装，离地高 0.3 米
可视对讲室外主机		由承建商暗装，离地高 1.5 米
可视对讲室内主机	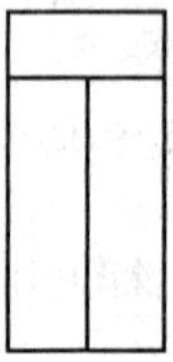	由承建商暗装，离地高 1.5 米

续表

名称	图例	型号、规格、做法
红外双监探头	△	由承建商暗装，墙上座装，距顶0.2米
吸顶式扬声器	⊙	型号规格业主定
音量控制器	⎯●⎯	与扬声器配套购买，离地高1.3米

注：设计中采用应标明图例，设计不采用不应标明。

七、室内设计图样布置方法

在同一张图纸上，如绘制几个图样时，图样的顺序，按主次关系从左至右依次排列。每一图样，一般均应标注图名，图名宜标注在图样的下方或一侧，并在图名下绘制一粗一细为一组的横线，其长度应以图名所占长度为准。使用详图符号作为图名时，不画线。

分区绘制的室内装饰平面图，应绘制组合示意图，指出该区在建筑平面中的位置。各分区图样的分区部位及编号均应一致，并应与组合示意图一致。

八、室内设计的简化画法

室内装饰构件的对称图形，可只画该图形的一半或1/4，并画出对称符号，如图5-23（a）、（b）所示。也可稍超出图形的对称线，此时不宜画对称符号，而是画折断线，如图5-23（c）所示。对称的形体，需画剖（断）面图时，也可以对称符号为界，一半画外形图，一半画剖（断）面图。

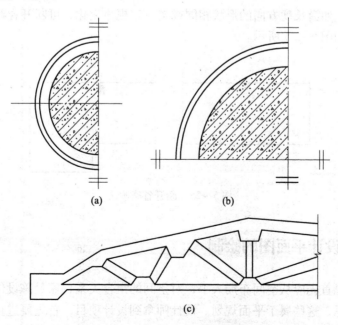

(a)　　　　　(b)

(c)

图5-23 对称图形简化画法
(a) 一半　(b) 四分之一　(c) 折断线

构配件内多个完全相同且连续排列的构造要素，可仅在两端或适当位置画出其完整形状，其余部分以中心线或中心线交点表示，如图5-24（a）所示。如相同构造要素少于中心线交点，则其余部分应在相同构造要素位置的中心线交点处用小圆点表示，如图5-24（b）所示。

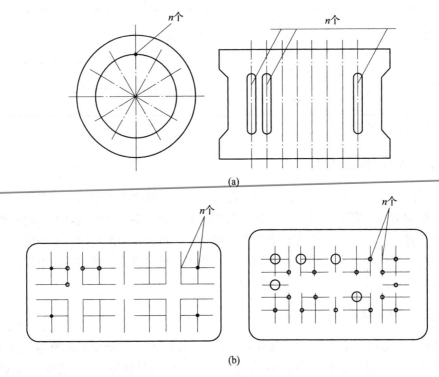

(a)

(b)

图5-24 相同要素简化画法

（a）两端画出 （b）圆点表示

较长的构件，如沿长度方向的形状相同或按一定规律变化，可断开省略绘制，断开处应以折断线表示，如图5-25所示。

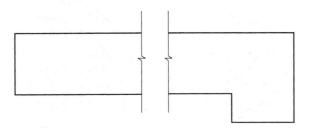

图5-25 断开省略画法

第三节 室内设计平面图的绘制

室内设计构思首先应从空间布局入手，对空间的组合关系，家具陈设位置，人群活动路线的安排进行构思，这些属于平面规划。设计师拿到设计项目，首先要进行平面规划，其次是进行空间造型设计、吊顶设计、家具陈设在垂直方向的造型，从平面到空间，再从空间到平面，反复协调最后确定最佳方案。因此，绘制室内设计图一般从平面图开始。如何绘制平面图，应先到施工现场考察，掌握建筑的结构、构造、朝向、环境，使自己的设计构思切实可行，并不断地与客户沟通，完善平面规划，完成设计任务。

室内设计平面图应反映功能是否合理，人活动路线是否流畅，空间布局是否恰当，空间大小是否适用，家具位置安排是否符合需要，地面材质如何处理，每一空间面积多大，空间的隔离应用何种材料等内容。如何将各类图线、符号、文字标记组合运用，使平面图清晰、明确，充分反映设计者意图，是每位设计师必须掌握的绘图知识。掌握平面图绘制技巧，是初学者学习的第一步。

平面图分为：

（1）室内设计平面图　室内设计平面图的主要内容有空间大小、整体布局、家具陈设、门窗位置、人活动路线、空间层次、绿化等。在进行室内设计之前首先应获取建筑原始平面图，并到现场进行实地勘测，画出测量尺寸图，如需对空间布局进行改造，还应画出墙体改建图，如图 5 – 26 所示。

（2）地面材料平面图　地面材料平面图的主要内容有地面材料种类、规格大小、铺贴图案、色彩等。如果地面处理较简单，此图不必单独绘制，地面设计直接在室内设计平面图中标注说明；当平面内容较复杂时，地面材料划分和组合可单独重新绘制。如图 5 – 27 所示。

一、室内设计平面图的概念

室内平面图是以一平行于地平面的剖切面将建筑物剖切后，移去上部分而形成的正投影图，通常该剖切面选择在距地面 1500mm 左右的位置或略高于窗台的位置。

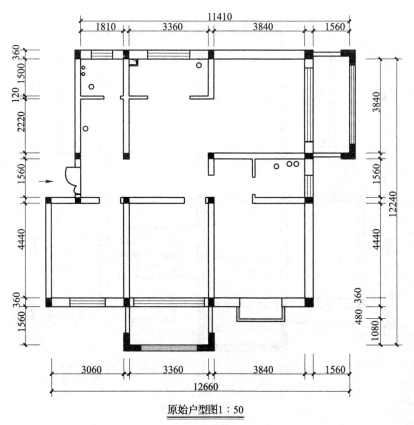

原始户型图1：50

(a)

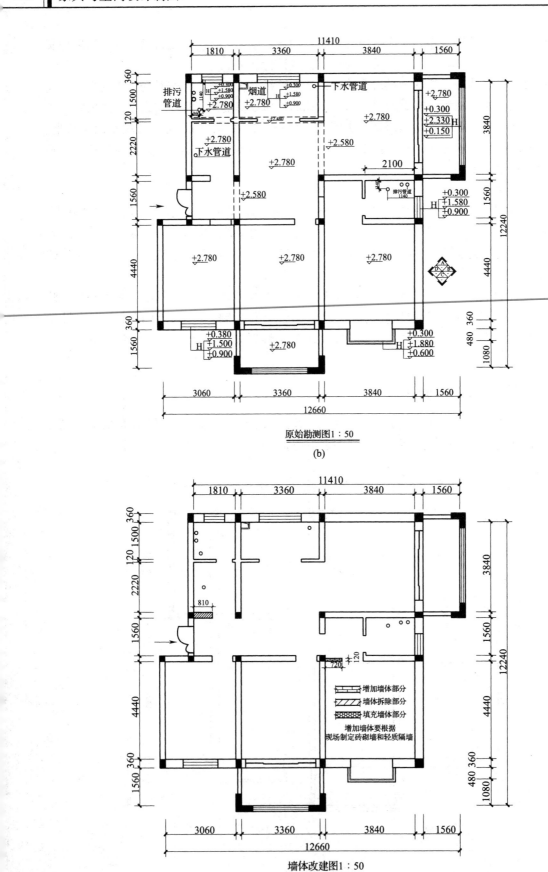

原始勘测图1∶50

(b)

墙体改建图1∶50

(c)

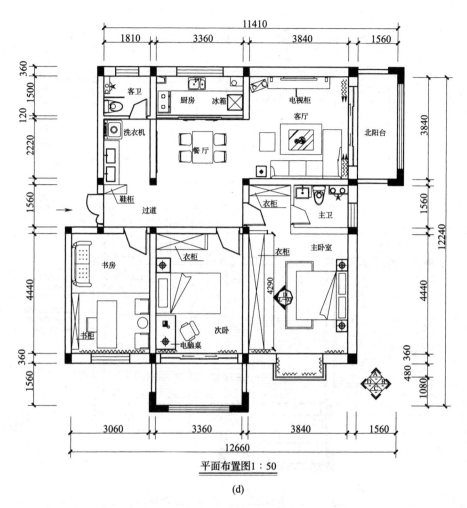

平面布置图1：50

(d)

图5—26　室内设计平面图

（a）原始户型图　（b）原始勘测图　（c）墙体改建图　（d）平面布置图

室内设计平面图由墙、柱、门窗等建筑结构构件，家具，陈设和各种标注符号等所组成。

室内设计平面图主要用来表示空间布局、空间关系、家具布置、活动路线，让客户了解设计师的平面计划构思意图，知道平面布局、平面形状、面积大小、家具陈设位置、人流交通方向。绘制时力求明确清晰地反映功能关系，图中符号、标注不能过分突出，必须适当布置安排，恰当运用图线，使图面清晰美观，便于识图和交流。

二、室内设计平面图的内容

（1）室内空间的组合关系及各部分的功能关系；

（2）室内空间的大小、平面形状、内部分隔、家具陈设、门窗位置及其他设施的平面布置等；

（3）主要家具陈设的平面尺寸，并让施工者充分了解垂直构件的结构位置；

（4）楼面层相对标高，地面装饰材料；

（5）详图索引符号，图例；

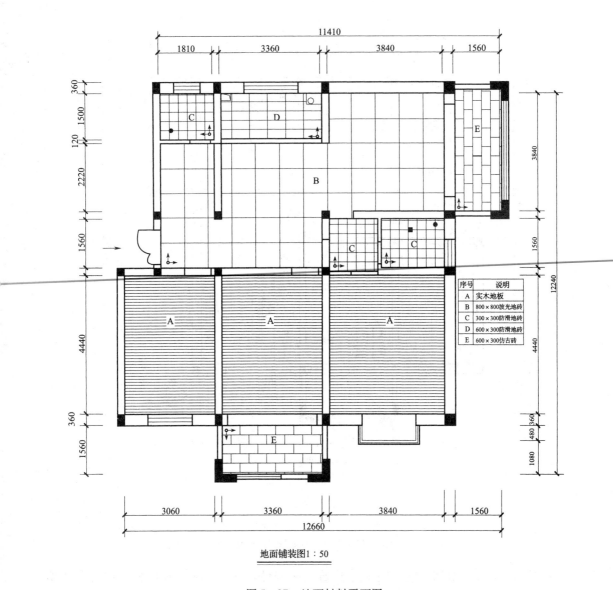

序号	说明
A	实木地板
B	800×800抛光地砖
C	300×300防滑地砖
D	600×300防滑地砖
E	600×300仿古砖

地面铺装图1∶50

图 5-27 地面材料平面图

（6）各立面位置；

（7）各房间名称。

三、室内设计平面图的一般表达

（1）室内平面图应按适当的比例绘制或用 AutoCAD 电脑软件 1∶1 绘制按适当的比例输出打印；

（2）应标注好轴线的位置、标明尺寸，使之能成为建筑平面图的深化和延续，便于找到该室内平面图在整个建筑平面图中的位置，并注明地坪的标高；

（3）根据设计内容相应画入家具及其他设施、绿化、窗帘、灯饰等，同时画出门窗位置及地面材料划分等内容，并标明主要定位尺寸；

（4）标明划分空间的构件的材料、尺寸，地面的用材规格；

（5）室内平面图的表达应注意图线的等级；图例尽量采用通用图例；如有详图索引，

也应画出相应的符号；

（6）如其他图中有相应的剖面图，那么剖切符号也应在平面图中的相应位置标注清楚。

四、室内设计平面图绘制程序

（1）到现场仔细测量尺寸，充分了解现场状况（设备、水电、结构），特别是梁、柱大小，位置对空间的影响；

（2）根据空间面积的大小，选用适当比例或1:1电脑绘制建筑平面图；

（3）设计师根据客户的使用要求，与自身的设计理念相结合，反复勾画草图，寻求最佳方案，作出合理布局；

（4）准确绘制家具、陈设的造型、布局，电器设备的位置；

（5）正确标注尺寸和各类装饰材料的符号　平面图标注尺寸、符号不必太详细，避免图面效果混乱，应一目了然便于识图；

（6）在图面适当位置用文字注明房间名称、地面材料、设备种类、门窗编号；

（7）在画面的某些空白位置，适当布置盆景、植物绿化等装饰品；

（8）运用各种图线和图例完成平面图。

注意：在平面图绘制过程中，以清晰明确为宜，不宜太花哨；各种文字、图例标注应选择图面适当的位置，比例协调，线条的粗细组合要做到层次分明。室内设计平面图绘制程序如图5-28所示。

室内设计平面图绘制时要注意运用不同粗细的图线以区分主次并突显层次感。通常一张图纸上至少分三个层次：墙体轮廓线用粗实线，家具轮廓线用实线，装饰线条及尺寸标注用细实线。用AutoCAD绘制图形时可以直接在图层里设置线宽，手工绘图时要确保粗实线一样粗，细实线一样细即可。

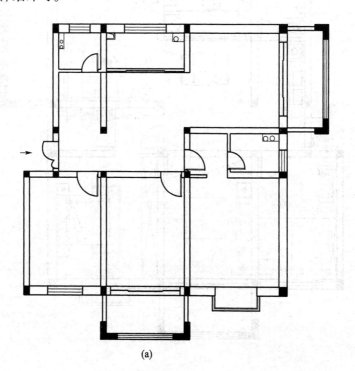

(a)

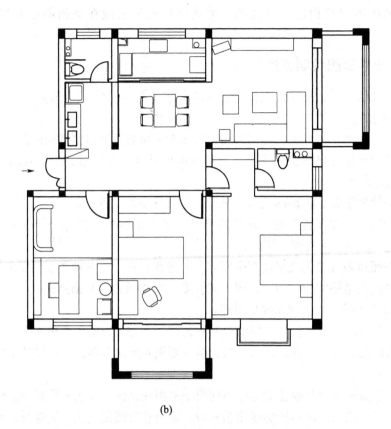

(b)

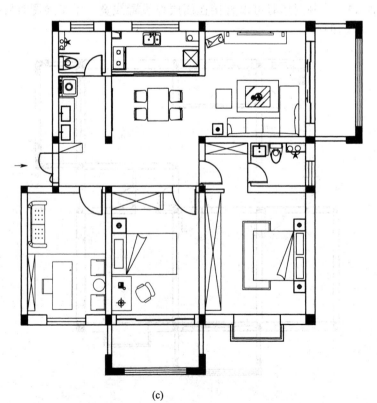

(c)

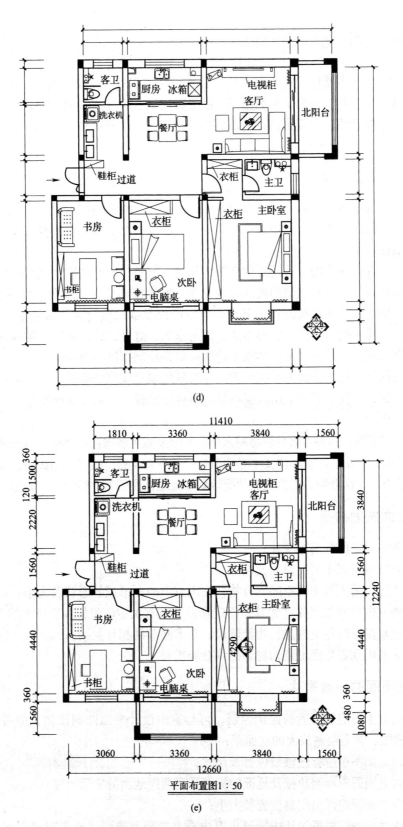

(d)

平面布置图1:50

(e)

图5-28 室内设计平面图绘制程序

（a）选择比例绘制建筑平面图 （b）空间布局、家具布置

（c）绘制各类装饰材料符号、细部处理 （d）标注尺寸、文字 （e）完成平面布置图绘制

第四节 室内设计立面图的绘制

室内设计立面图主要反映空间高度是否合理，墙面材料、造型、色彩、肌理是否美观，家具高度尺寸是否协调等内容。平面图只反映平面布局、尺寸，空间造型、垂直方向的尺寸要在立面图中才能反映，立面图是在平面图的基础上进行空间造型，进一步完善修正平面功能的图样。

一、室内立面图的概念

室内立面图通常是假设以一平行于室内某墙面的剖切面将前部分切去而形成的正投影图。一般说来作为一个室内空间应有四个立面，但并非所有的墙面都要画立面图，只绘制有设计内容的墙面立面图。

室内立面图在某种程度上是建筑剖面图的深化，只是建筑剖面图更注重内部空间不同楼层、层面本身的标高关系和屋顶的坡度以及建筑物同周围环境（即室外空间）的标高关系，而室内立面图则注重于表达被剖切的某一单元空间以及剖切线（水平及垂直）范围内的设计内容，包括装修构造、门窗、墙面做法、固定家具、灯具、装饰物等。室内立面图中顶棚的绘制有两种形式：一是只绘可见顶棚面轮廓；二是绘制顶棚剖面构造。

室内立面图的名称，应根据平面图中内视符号的编号或字母确定，为了表示室内立面在平面图中的位置，应在平面图上用内视符号注明视点位置、方向及立面符号。内视符号参见前面相关内容介绍。

如果绘制施工图，则必须将装修材料名称、型号及施工要求标注详细。对于饰面材料，一般采用文字说明的方法。注意标注文字必须清晰、整齐有美感，适当运用线条、文字组合。画面内容要有重点、主次分明，根据图面情况恰到好处地标注所表达的内容，如图 5 - 29 所示。

二、室内立面图的内容

（1）反映室内空间标高的变化；
（2）反映室内空间中门窗位置及高低；
（3）反映室内垂直界面及空间划分构件在垂直方向上形成的形状及大小；
（4）反映室内空间与家具（尤其是固定家具）及有关室内设施在立面上的关系；
（5）反映室内空间与室内悬挂物及陈设、艺术品等的相互关系；
（6）反映室内垂直界面上装饰材料的划分和组合。

三、室内立面图的一般表达

（1）室内立面图应按合适的比例绘制，可与室内设计平面图同比例，但有时为了更好地表达设计意图，常需绘制放大的立面图；
（2）室内立面图也应标注轴线位置及尺寸；
（3）室内立面图应标明顶棚及地面的标高及顶棚距地面的实际尺寸；
（4）室内立面图应画出门窗位置及大小；
（5）室内立面图应根据设计内容画出室内垂直界面上造型（必要时要画出剖面图表示凹凸关系，如图 5 - 30 所示），空间划分构件，家具（固定家具）及灯饰等的大小，并标注其材料规格及标明定位尺寸等；

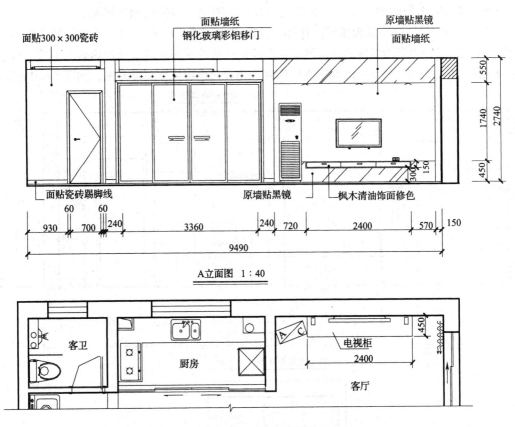

图 5-29 室内立面图

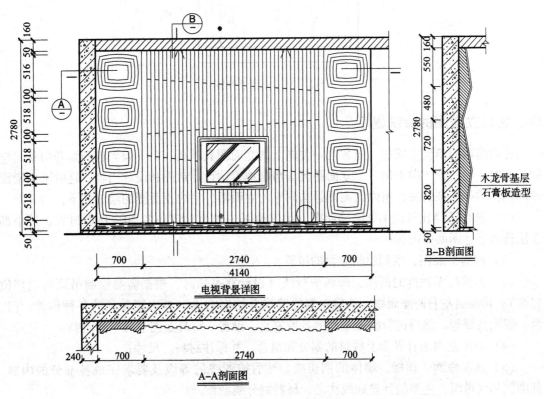

图 5-30 室内立面图剖面图

（6）室内立面图的表达也应注意图线的等级，图例也需采用通用图例；

（7）有时室内空间不是规整的六面体，这时需绘制能反映真实尺寸的立面展开图来表达室内立面，即增设投影面或展开来反映，但在绘图中应注明所展开立面的内容及方式。或者空间比较小，如卫生间，每个立面都有设计内容需要表达也可用立面展开图，如图5-31所示。

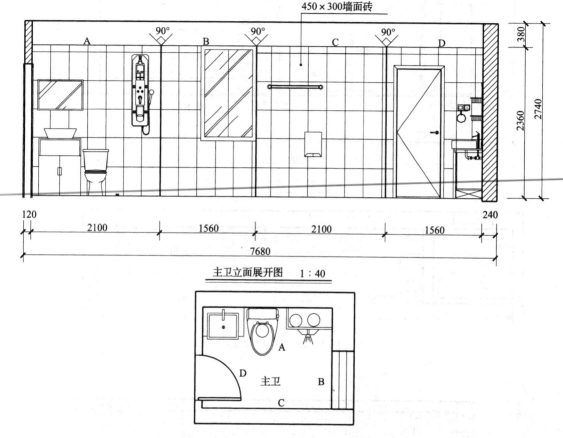

图5-31　立面展开图

四、室内立面图的绘制程序

在较简单的单元空间中，通常同一方向上的立面图只需画一个，但当遇到复杂的单元空间，有时在同一个方向上用一个立面图无法清晰地表达设计意图和设计内容，这时可用增设室内剖面的办法来解决，室内剖面图画法同室内立面图。室内正面图的绘制如下：

（1）选用适当比例或1:1电脑绘图，手工绘图一般为1:20~1:30，比例过大、过小都无法恰当表达图面的内容；

（2）根据平面图，找到绘制立面的位置；

（3）取地板至顶棚的高度，画两平行线（设计有吊顶时，根据需要绘制吊顶的剖切位置线）；再绘制左右两墙面线，从最左侧的墙线开始向右逐一画出能看到的各种构件、门、窗、墙面造型等，然后进行临近墙面的各种家具、设备、灯具及艺术品等的绘制；

（4）画出室内垂直界面上材料的划分和组合，并标注材料、尺寸；

（5）加深地面、顶棚、墙体的剖切线，然后按图线的等级及要求完成各部分的内容。其中剖切线最粗，主要的外轮廓线次之，材料划分线最细。

具体绘制过程如图5-32所示。

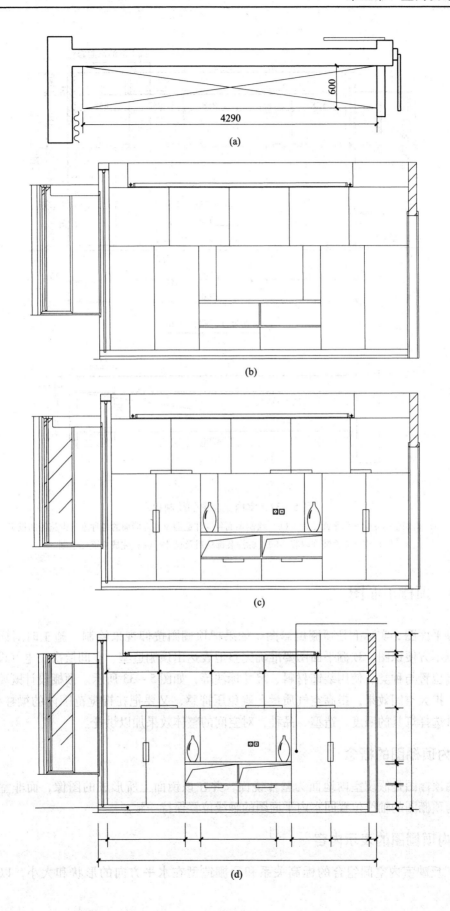

(a)

(b)

(c)

(d)

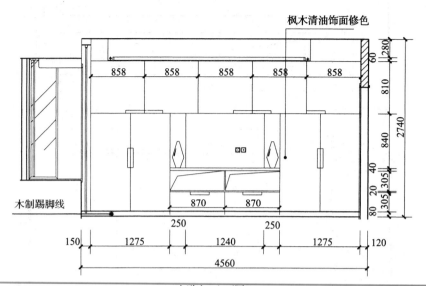

主卧室D立面图1：40

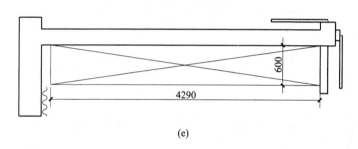

(e)

图5-32 室内立面图的绘制程序

（a）找到绘制立面图的平面位置 （b）绘制墙面各构件造型及临近墙面的各种家具设施等的投影

（c）细化立面装饰内容 （d）标注装饰材料及尺寸 （e）完成立面图绘制

第五节 顶棚平面图

　　顶棚平面图，实际上是顶棚倒影图。如果把顶棚图按仰视来绘制，施工时对照实际情况，反倒不方便识图。顶棚平面图要准确完整地表达出顶棚造型、空间层次、电气设备、灯具、音响位置与种类、使用装饰材料、尺寸标注等，如图5-33所示。顶棚设计既要有较高的净空，扩大空间效果，提高空气质量，避免压抑感，又要把在视觉范围内的梁柱处理好，并需巧妙选择灯具的照度、造型、品种，对空间的整体效果加以烘托。

一、室内顶棚图的概念

　　室内顶棚图是假设室内地面为整片镜面，并在该镜面上所形成的图像，而非室内仰视图。室内顶棚图的轴线位置同室内平面图的轴线位置保持一致。

二、室内顶棚图的表示内容

　　（1）反映室内空间组合的标高关系和顶棚造型在水平方向的形状和大小，以及装饰材料；

（2）反映顶棚上灯饰、窗帘等布置的位置及形状；

（3）反映空调风口、消防报警和音响系统等其他设备的位置。

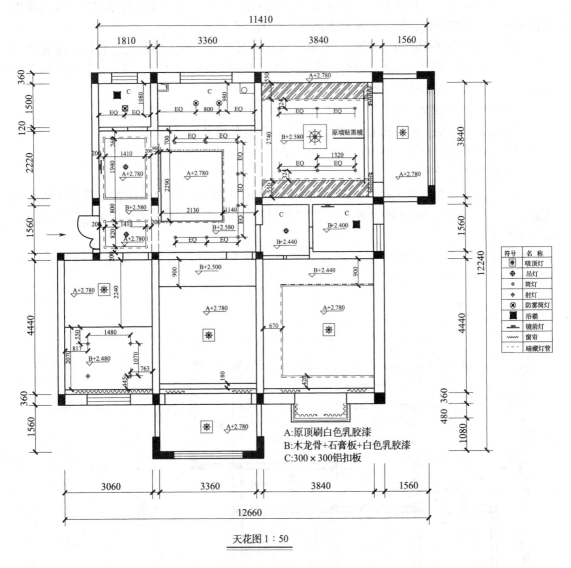

符号	名 称
※	吸顶灯
⊕	吊灯
⊙	筒灯
✛	射灯
⊗	防雾筒灯
■	浴霸
——	镜前灯
⌇⌇	窗帘
---	暗藏灯管

A:原顶刷白色乳胶漆
B:木龙骨+石膏板+白色乳胶漆
C:300×300铝扣板

天花图 1∶50

图 5-33 室内顶棚图

三、室内顶棚图的一般表达

（1）室内顶棚图应按合适的比例绘制，一般与室内平面图相对应，采用同样的比例；

（2）室内顶棚图也要标注轴线位置及尺寸；

（3）室内顶棚图应根据顶棚的不同造型，标明其水平方向的尺寸和不同层次顶棚的距地标高；

（4）室内顶棚图应根据设计内容分别画出灯饰、窗帘盒及其他设备的位置，并标明相应的定位尺寸；

（5）室内顶棚图应标明顶棚的材料及规格；

（6）室内顶棚图的表达也应注意图线的等级，图例亦需采用通用图例。

四、室内顶棚图的绘制程序

室内顶棚图实际上是在平面图的基础上布置顶棚的内容，其轴线位置要同其对应的室内平面图轴线位置相一致，即左右及上下均没有颠倒，非仰视图。

（1）直接利用平面图进行绘制　平面轮廓及内部分隔与平面图相同，将门、窗省略不画。注意：在楼层平面图完全一致时，顶棚图与平面图一致，如楼层在建筑设计时有凹凸空间时，顶棚图的室内部分与平面图相同，但顶面挑出部分也需绘制出来；

（2）绘制顶棚造型形状及定位尺寸　根据室内整体风格设计顶棚造型；

（3）绘制顶棚的灯饰的布置、窗帘的位置以及其他设备的位置（稿线）；

（4）绘制顶棚材料的划分线，并对应标高等；

（5）详图索引符号；

（6）加深、加粗墙体剖断线，并按图线等级及要求完成各部分的内容。其中墙体剖断线最粗，主要顶棚轮廓线中粗，其他次要投影外轮廓线次之，材料划分线最细。顶棚图绘制线型基本同平面图。

室内顶棚图除了顶棚装饰造型设计以外，还有灯具的电路开关图，如图 5 – 34 所示。

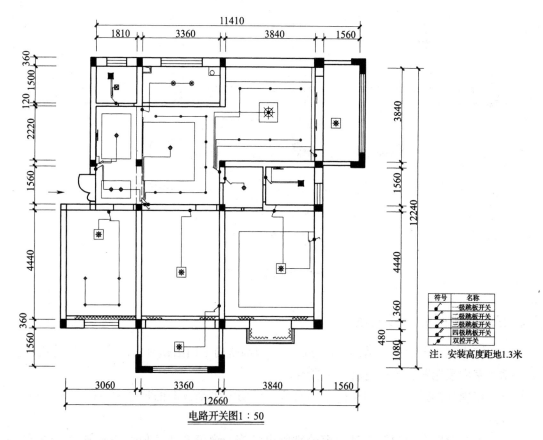

图 5 – 34　电路开关图

而电器插座图可以在平面布置图的基础上直接在相应位置画上相对应的插座图例符号，并列表说明图例代表的含义及安装高度。如图 5 – 35 和表 5 – 5 所示。

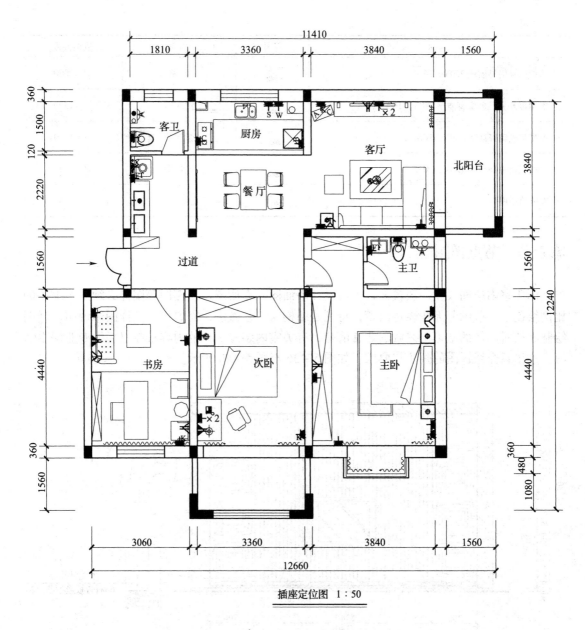

插座定位图　1：50

图 5 – 35　插座定位图

表 5 – 5　　　　　　　　　　　　　　　　　　　　　电器插座

名称	符号	用途	安装高度
单相二三极插座 250V，10A	⊥	—	$H = 300$
电视天线插座	△	电视信号	$H = 1300$
电话墙身插座	△	电话信号	$H = 300$
电脑信息插座	▲	电脑信号	$H = 300$
单相三极扁脚插座 250V，10A	⊥C	抽油烟机	$H = 2000$

续表

名称	符号	用途	安装高度
单相三极扁脚插座 250V，16A	K	空调	$H = 2000$
单相带开关三极扁脚插座 250V，10A	X	洗衣机	$H = 1300$
单相三极扁脚插座 250V，10A	W	微波炉	$H = 1200$
单相三极扁脚插座 250V，10A	S	电饭煲	$H = 1200$
电风筒插座	FT	—	$H = 1300$

第六节　节点详图

　　由于室内空间尺度一般较大，室内设计平面图、立面图、顶棚图等图样必须采用缩小的比例绘制，一些细节无法表达清楚，特别是结构与工艺做法，需要用节点详图来说明。详图绘制必须对具体的施工工艺做法非常清楚，有关室内装修工程的内容将在以后的专业课中学习，这里只介绍详图的画法与要求，如图 5-36 至图 5-40 所示。

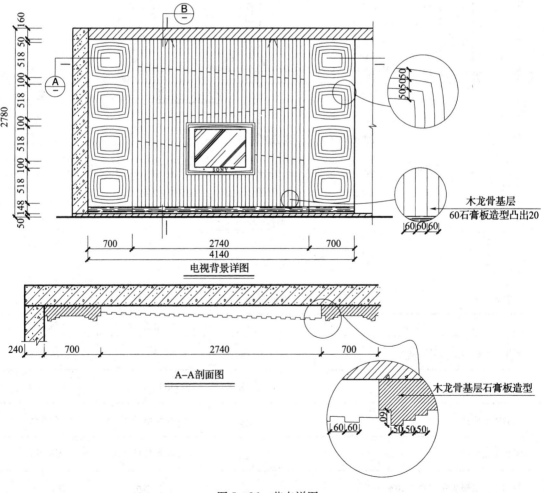

图 5-36　节点详图

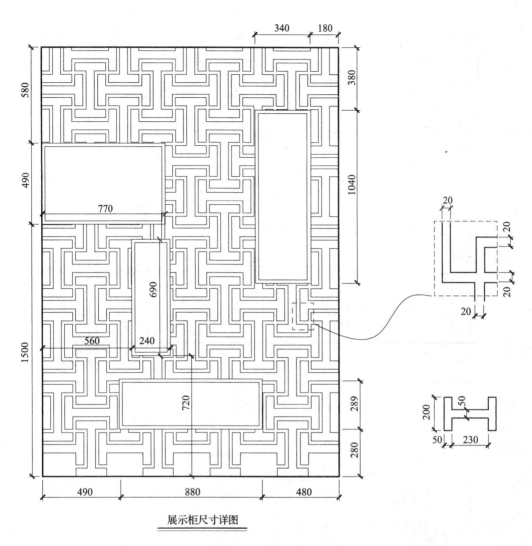

展示柜尺寸详图

图 5 – 37　家具尺寸详图

一、室内节点详图的概念

　　室内节点详图是为了清晰地反映设计内容，将室内水平界面或垂直界面进行局部的剖切后，用以表达材料之间的组合、搭接，材料说明等局部结构的剖视图。

二、室内节点详图的内容

　　（1）反映各界面相互衔接方式；
　　（2）反映各界面本身的结构、材料及构件的相互衔接的关系；
　　（3）各类装饰材料之间的收口方式；
　　（4）反映各界面同设施（设备）的衔接方式。

三、节点详图的一般表达

　　（1）室内节点详图应按合适的比例绘制，通常为 1∶1～1∶5；
　　（2）室内节点详图应按设计内容，画出各界面相互衔接的尺寸及组成；

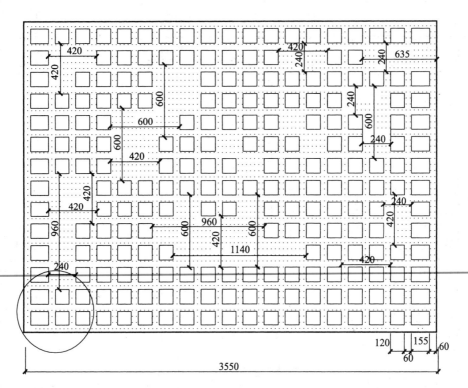

沙发背景详图

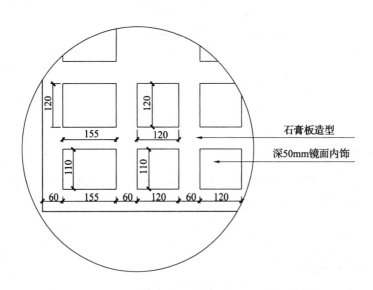

石膏板造型

深50mm镜面内饰

图 5 - 38 墙面造型尺寸详图

（3）室内节点详图应画出各界面本身的构造方式，标明材料及相应的尺寸；

（4）应画出装饰构件与建筑构件及装饰构件之间的连接方式，不同材质的收口等，并应标明相应的尺寸与工艺要求；

（5）室内节点详图表达也应注意图线的等级，图例也需采用通用图例。

对于复杂造型的装饰构件，可用网格形式标注样式和尺寸，如图 5 - 40 所示。

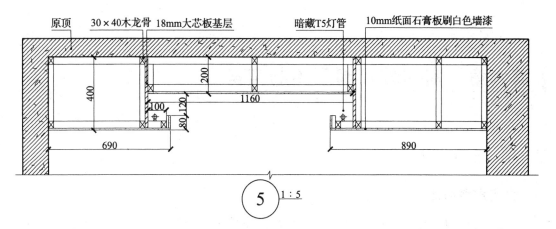

图 5 – 39　天花吊顶构造详图

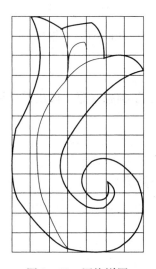

图 5 – 40　网格详图

第六章 室内设计制图绘制实务

第一节 室内设计的程序

一、方案准备阶段

（1）接受设计委托任务书或参加投标，明确设计期限，制定设计进度，考虑各工种协调；
（2）现场勘测并收集相关资料进行综合分析；
（3）设计构思与方案比较（平、立面图）；
（4）完善方案与方案表现（平、立面图，效果图）。

二、初步设计阶段

（1）在准备阶段的基础上进一步构思立意，做出设计说明书；
（2）初步设计图；
A—平面图（平面示意图）
B—立面展开图或单向立面视图
C—顶棚图（天花吊顶图和电路图）
D—效果图（方案表现图）
（3）初步设计概预算。

三、施工设计阶段

（1）修改初步设计；
（2）与各专业协调（建筑、结构、电气等）；
（3）完成室内设计施工图。
A—平、立面图
B—节点详图

四、施工监理阶段

（1）施工前，设计人员应向施工单位进行设计意图说明和图纸的技术交底；
（2）订货的选型、选厂、选样；
（3）完善设计图中未交待的部分；
（4）处理与各专业图纸发生矛盾的问题；
（5）根据实际情况对原设计进行局部修改或补充；
（6）按阶段检查施工质量。

五、工程验收的决算阶段

（1）施工结束，质检部门与建设单位进行工程验收；

（2）收方决算（按预算单价）；

（3）向使用单位交待有关日常维护等注意事项；

（4）向甲方交竣工图（平、立面图，节点图等）。

第二节 室内设计施工图绘制

一、室内设计原始平面图绘制

按客户提供的建筑平面图或根据现场情况绘制原始平面图，如图 6-1 所示。

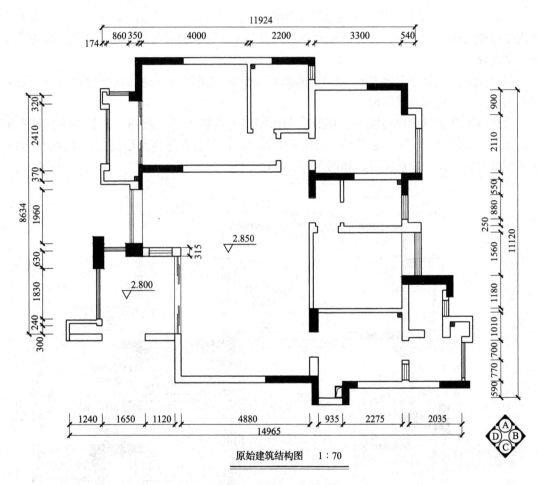

原始建筑结构图 1:70

图 6-1 原始平面图

二、室内设计现场勘测平面图绘制

绘制原始平面图之后，设计师应亲自到现场进行勘测并观察现场环境，最好是有两个人一起去量房，一人测量，一人记录。测量的同时要了解客户的一些基本需求，研究用户的要求是否可行，并且获取现场设计灵感，以便更加科学、合理地进行设计。这样在后面的设计过程中会更有针对性，目标会更明确，能减少方案修改的次数。现场勘测内容包括：

（1）定量测量 主要测量室内的长、宽，计算出每个用途不同的房间的面积；

（2）定位测量　主要标明门、窗、建筑构件和设施的位置（窗户要标明数量、大小）；

（3）高度测量　主要测量各房间的高度。

室内设计中所涉及的装修项目大致分为墙面、顶面、地面、门、窗等几个部分，每个项目的测量要点有所不同：

（1）墙面　测量的时候应尽量详尽地把每一面墙的尺寸测量准确，以方便后期的方案设计和预算报价；墙面上的门洞、窗洞都应当标记清楚，并注明宽与高；墙面上的空调洞、煤气表、配电盒、给水进水口等都应有所注明；卫生间、厨房的主下水管道位置及大小，原建筑的洗盆、水池、蹲便器排污管的准确位置，都应当注明；还有各部位墙体的厚度也应弄清楚；

（2）顶面　测量中最重要的就是层高的测量，有些房间如卫生间是下沉式，会与其他室内空间的层高有所不同，要特别注意；其次就是每一根梁的高与宽，也要测量，以方便吊顶方案设计；

（3）地面　要注意地漏的位置、地面的高差变化，还应注意地面的平整度如何，这对于以后要不要找平有直接影响。

设计师依据测量获得的数据，按照比例绘制出室内各房间平面图，平面图中标明房间长、宽并详细注明门、窗、建筑构件的位置和尺寸，同时标明地面及顶面的标高变化，通过这张图纸为后续设计提供参考，如图6-2所示。

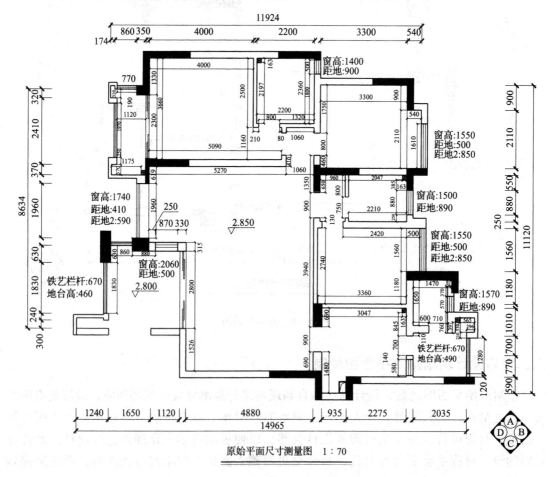

原始平面尺寸测量图　1∶70

图6-2　原始平面尺寸测量图

三、室内设计平面布局方案草图绘制

如图 6 - 3 所示。

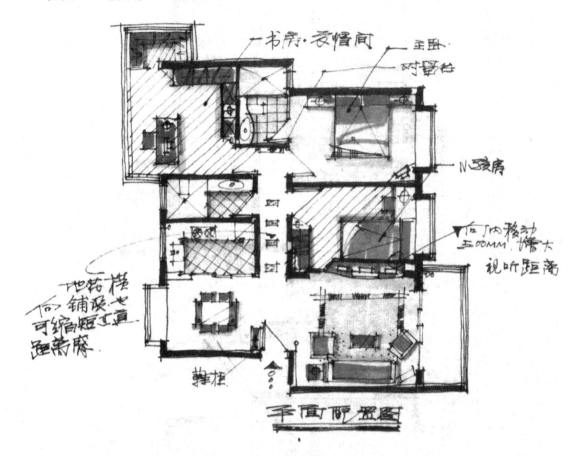

图 6 - 3　平面布局方案草图

四、室内设计平面布置图绘制

如图 6 - 4 所示。

五、室内设计地面材料图绘制

如图 6 - 5 所示。

六、室内设计天花布置图绘制

如图 6 - 6 和图 6 - 7 所示。

七、室内设计开关电路图绘制

如图 6 - 8 所示。

八、室内设计插座图绘制

如图 6 - 9 所示。

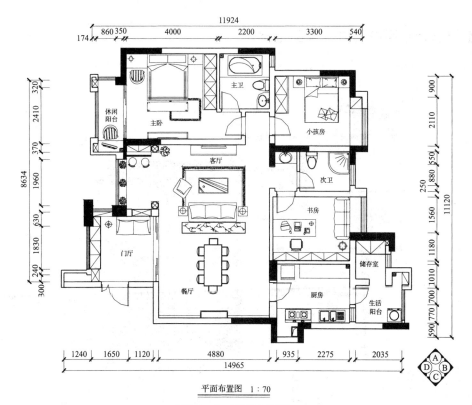

平面布置图　1:70

图6-4　平面布置图

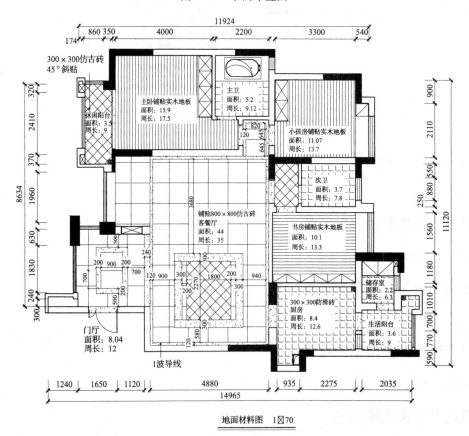

地面材料图　1:70

图6-5　地面材料图

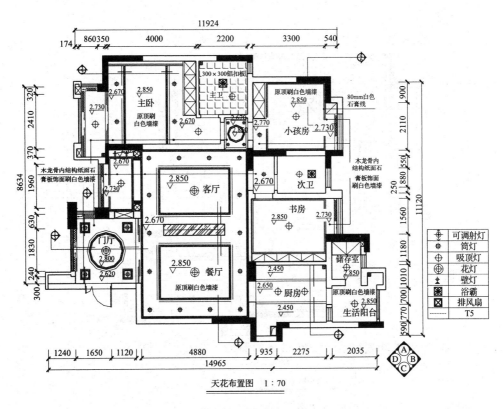

天花布置图 1:70

图 6-6 天花布置图

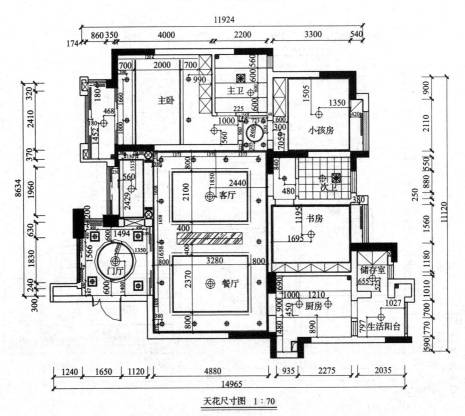

天花尺寸图 1:70

图 6-7 天花尺寸图

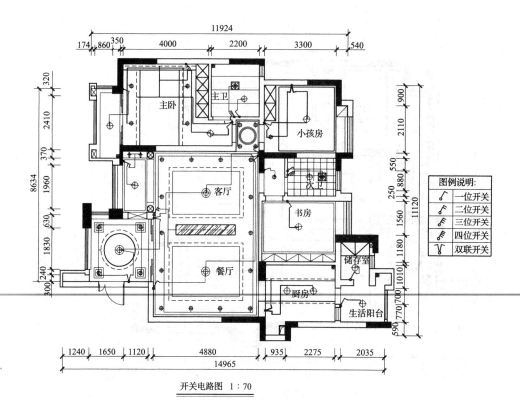

开关电路图 1:70

图6-8 开关电路图

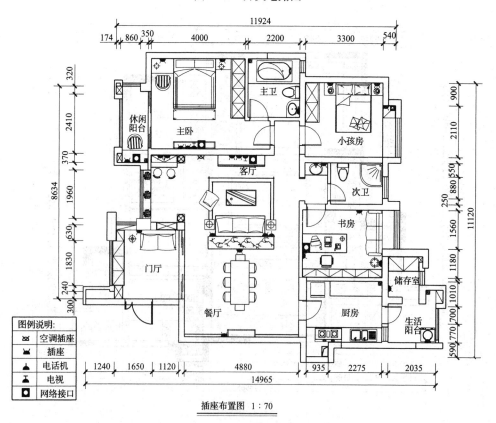

插座布置图 1:70

图6-9 插座布置图

九、室内设计立面图绘制

如图 6-10 至图 6-16 所示。

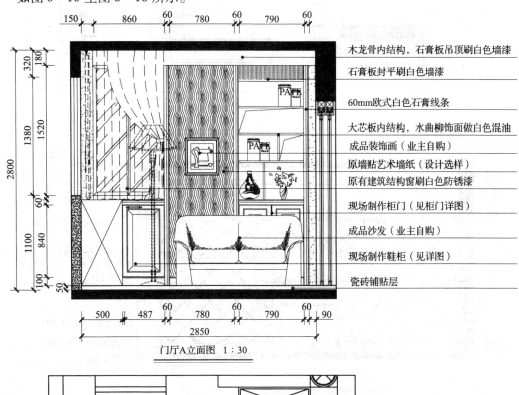

木龙骨内结构，石膏板吊顶刷白色墙漆

石膏板封平刷白色墙漆

60mm欧式白色石膏线条

大芯板内结构，水曲柳饰面做白色混油

成品装饰画（业主自购）

原墙贴艺术墙纸（设计选样）

原有建筑结构窗刷白色防锈漆

现场制作柜门（见柜门详图）

成品沙发（业主自购）

现场制作鞋柜（见详图）

瓷砖铺贴层

门厅A立面图 1：30

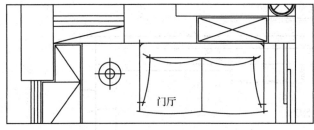

图 6-10 立面图 1

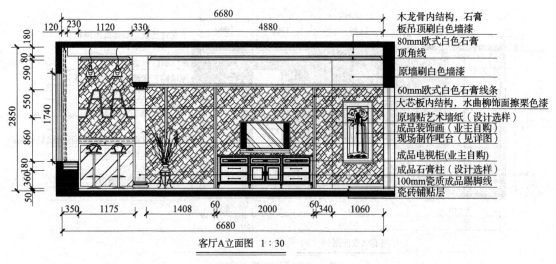

木龙骨内结构，石膏
板吊顶刷白色墙漆

80mm欧式白色石膏
顶角线

原墙刷白色墙漆

60mm欧式白色石膏线条
大芯板内结构，水曲柳饰面擦栗色漆
原墙贴艺术墙纸（设计选样）
成品装饰画（业主自购）
现场制作吧台（见详图）
成品电视柜（业主自购）
成品石膏柱（设计选样）
100mm瓷质成品踢脚线
瓷砖铺贴层

客厅A立面图 1：30

图 6-11 立面图2（1）

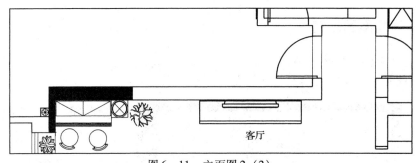

图 6 – 11　立面图 2（2）

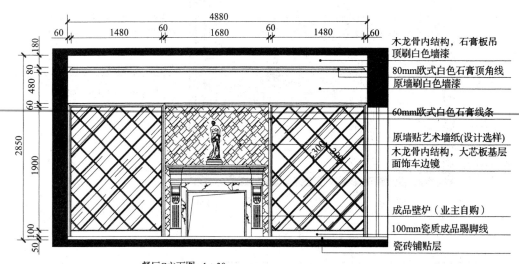

木龙骨内结构，石膏板吊顶刷白色墙漆

80mm欧式白色石膏顶角线
原墙刷白色墙漆

60mm欧式白色石膏线条

原墙贴艺术墙纸(设计选样)

木龙骨内结构，大芯板基层面饰车边镜

成品壁炉（业主自购）

100mm瓷质成品踢脚线

瓷砖铺贴层

餐厅C立面图　1：30

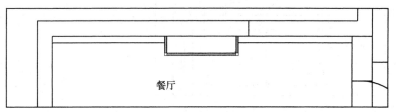

餐厅

图 6 – 12　立面图 3

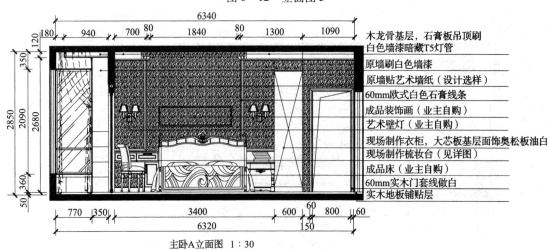

木龙骨基层，石膏板吊顶刷白色墙漆暗藏T5灯管

原墙刷白色墙漆

原墙贴艺术墙纸（设计选样）

60mm欧式白色石膏线条

成品装饰画（业主自购）

艺术壁灯（业主自购）

现场制作衣柜，大芯板基层面饰奥松板油白

现场制作梳妆台（见详图）

成品床（业主自购）

60mm实木门套线做白

实木地板铺贴层

主卧A立面图　1：30

图 6 – 13　立面图 4（1）

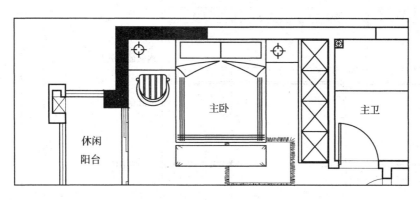

图 6 – 13 立面图 4（2）

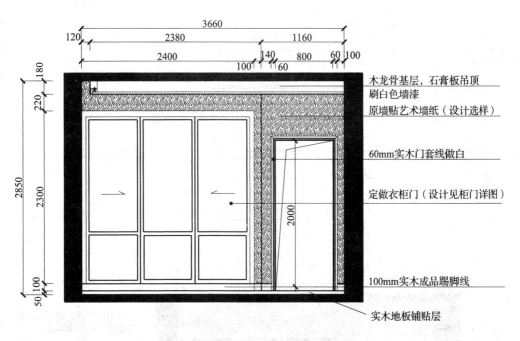

木龙骨基层，石膏板吊顶
刷白色墙漆
原墙贴艺术墙纸（设计选样）

60mm实木门套线做白

定做衣柜门（设计见柜门详图）

100mm实木成品踢脚线

实木地板铺贴层

主卧B立面图 1：30

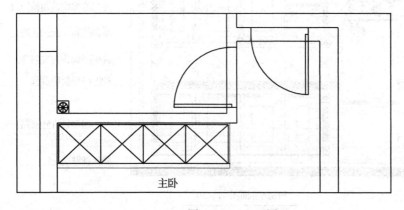

主卧

图 6 – 14 立面图 5

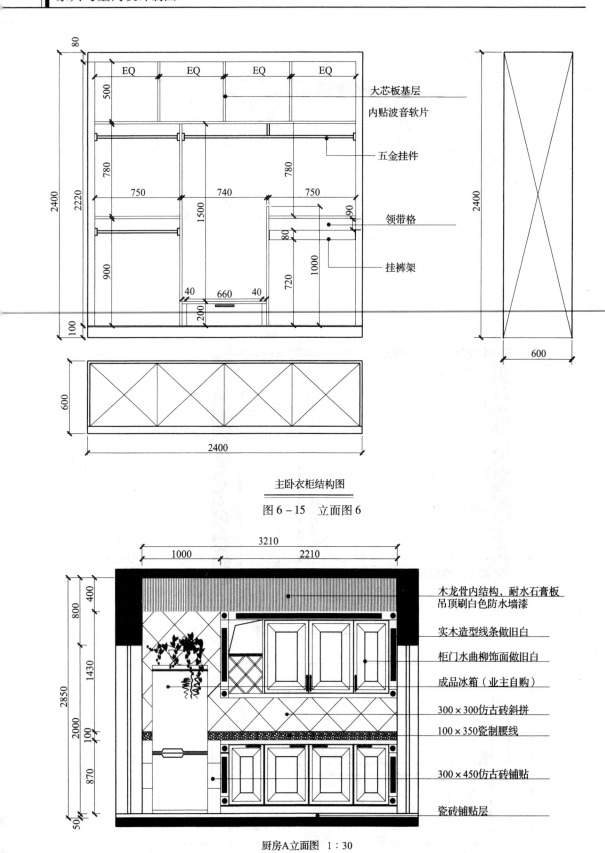

主卧衣柜结构图

图 6 – 15 立面图 6

厨房A立面图 1：30

图 6 – 16 立面图 7 (1)

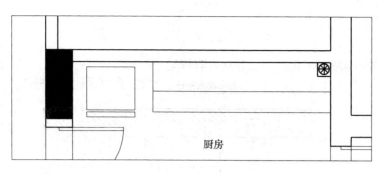

图 6 – 16　立面图 7（2）

十、室内设计节点详图绘制

如图 6 – 17 至图 6 – 20 所示。

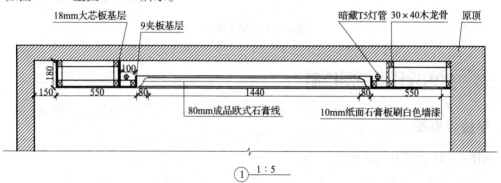

①　1 : 5

图 6 – 17　节点详图 1

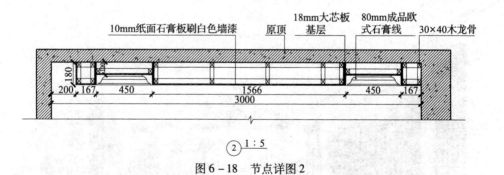

②　1 : 5

图 6 – 18　节点详图 2

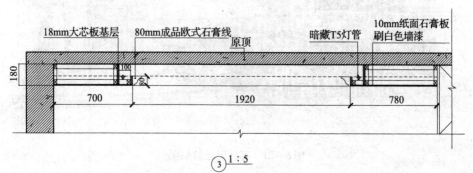

③　1 : 5

图 6 – 19　节点详图 3

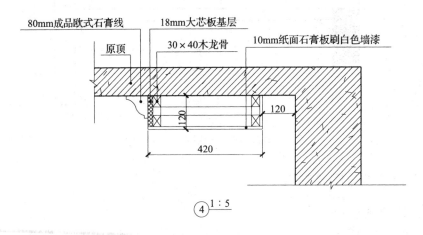

图 6 - 20　节点详图 4

第三节　室内设计效果图绘制

一、手绘效果图

如图 6 - 21 至图 6 - 26 所示。

图 6 - 21　客厅手绘效果图

图 6 - 22　餐厅手绘效果图

图 6 - 23　过道手绘效果图

图 6 - 24　主卧手绘效果图

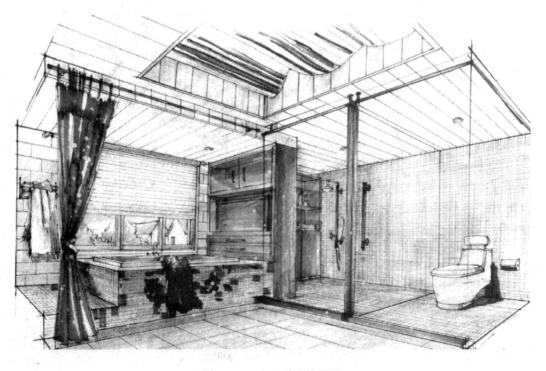

图 6 - 25　主卫手绘效果图

图 6 - 26　小孩房手绘效果图

二、电脑三维效果图

如图 6 - 27 至图 6 - 30 所示。

图 6 - 27　门厅效果图

图 6 – 28　客厅效果图

图 6 – 29　餐厅效果图

图 6 - 30 　主卧效果图

第四节　一套酒店客房室内设计图纸的绘制

如图 6 - 31 至图 6 - 42 所示。

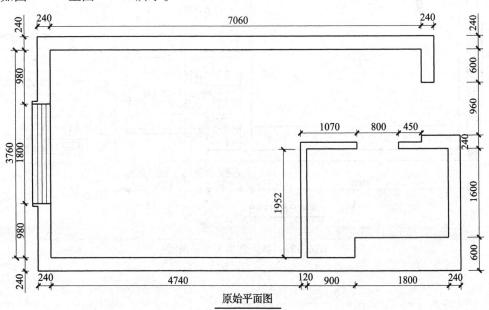

原始平面图

图 6 - 31 　酒店客房原始平面图

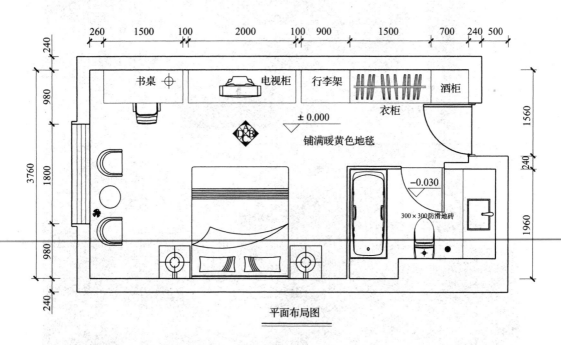

平面布局图

图 6-32　酒店客房平面布局图

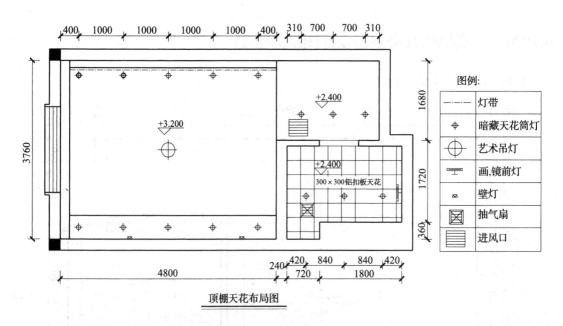

顶棚天花布局图

图 6-33　酒店客房天花布局图

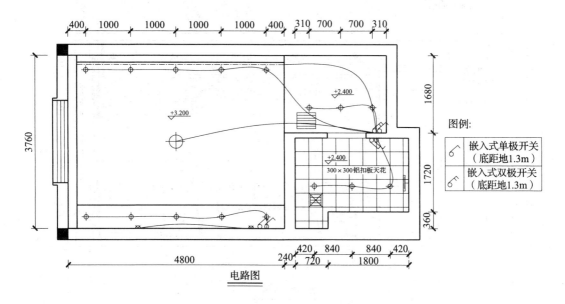

图例：

⌐ 嵌入式单极开关
（底距地1.3m）

⌐ 嵌入式双极开关
（底距地1.3m）

电路图

图 6 – 34　酒店客房电路图

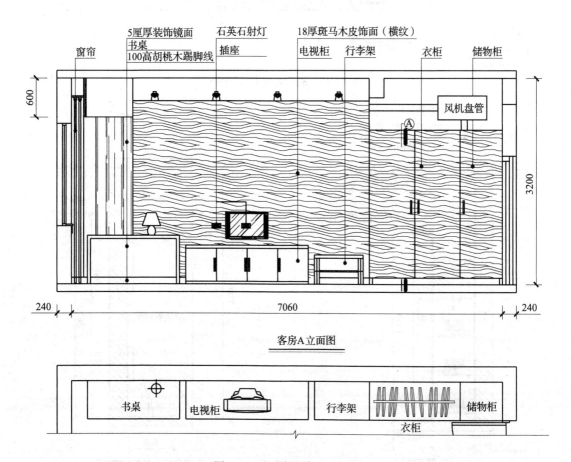

客房A立面图

图 6 – 35　酒店客房 A 立面图

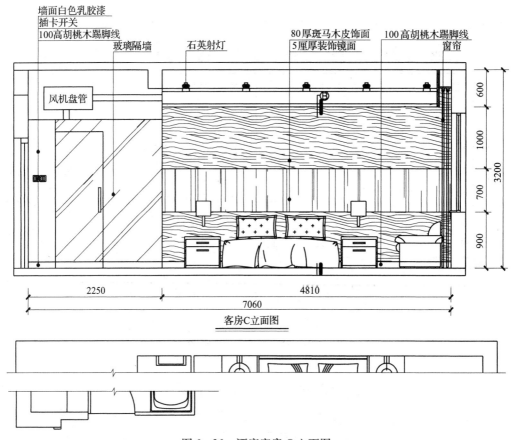

墙面白色乳胶漆
插卡开关
100高胡桃木踢脚线
玻璃隔墙
石英射灯
80厚斑马木皮饰面
5厘厚装饰镜面
100高胡桃木踢脚线
窗帘

风机盘管

客房C立面图

图 6-36 酒店客房 C 立面图

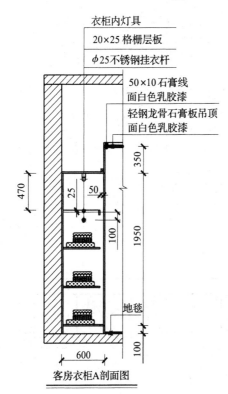

衣柜内灯具
20×25 格栅层板
φ25 不锈钢挂衣杆
50×10 石膏线
面白色乳胶漆
轻钢龙骨石膏板吊顶
面白色乳胶漆
地毯

客房衣柜A剖面图

图 6-37 酒店客房衣柜 A 剖面图

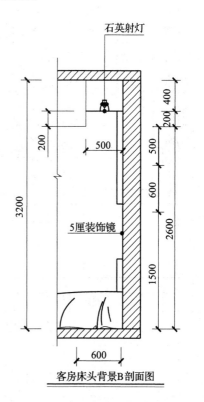

石英射灯

5厘装饰镜

客房床头背景B剖面图

图 6-38 酒店客房床头背景 B 剖面图

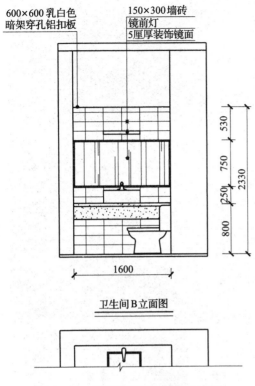

图 6-39　酒店客房卫生间 B 立面图　　　　　图 6-40　酒店客房卫生间 D 立面图

图 6-41　酒店客房整体效果图

图 6 – 42　酒店客房卫生间效果图

第七章 透视投影原理

透视投影是用中心投影法将形体投射到一个投影面上，获得的能反映出形体三维空间形象，具有近大远小等视觉特征的一种单面投影。这种投影图在实际工作中通称透视图，简称透视。透视图的基本特点是立体感强，但度量性差。学习透视，首先应掌握透视的基本规律和透视原理，然后是加强实践。透视投影原理主要包括透视投影体系，点、线、面的透视投影特性和它们的透视画法。

第一节 概述

一、透视的形成

我们在现实中看到的景物，由于距离远近的不同、方位不同，在视觉中引起不同的反映，这种现象就是透视现象。如果我们在景物与人之间用一个透明平面将所看到的景物描绘出来，再把图样移到别处观看，倘若保持绘图时眼睛与图形的相对位置不变，视觉印象会与观看实景一样。我们把透过透明平面看物体，并将视线与该平面交成的图形描绘下来的过程就称为透视，如图 7-1 所示。描绘的图形就称为透视图。透视过程实际上相当于以人的眼睛为投影中心，透明平面为投影面的中心投影，所以也称为透视投影。在没有特殊说明时，透视图与透视投影均称为透视。

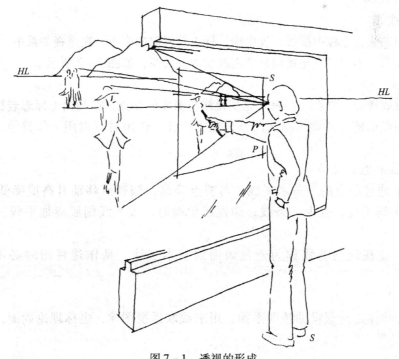

图 7-1 透视的形成

二、透视投影体系

中心投影与平行投影、正投影一样，要想得到所需的图形，应首先建立投影体系。构成中心投影的三个要素：视点、画面和物体。三者缺少任何一方面都不可能形成完整的透视关系。为了构建三要素的关系，还应借助于承载人和物的地面。通常人和物均垂直于地面，而画面有时垂直于地面，有时又与地面成任意角度。视点、画面与物体的相对位置（包括距离和角度）是构成投影体系的关键，当三者的关系是视点—画面—物体，这种体系所得到的透视图比实际物体要小（缩小画法），若三者的关系是视点—物体—画面，这种体系所得到的透视图比实际物体要大（放大画法）。

三、基本术语

学习透视应首先了解透视投影体系中专用的名词。在透视关系中任何一个名词都有其固定的含义，它们是透视投影体系中的一个组成部分，不是孤立的和单纯的符号。

1. 视点 S

观察者眼睛的位置，是透视中所有视线（投影光线）的集结点，即投影中心，如图 7 - 2 所示。

2. 站点 s

又称立点，是视点在基（地）面上的正投影点，如图 7 - 2 所示。

3. 视锥

所有视线（投影光线）集中到视点上形成的锥形，它的锥顶即视点，顶角为视角，锥底为视圈，视锥构成视觉空间，如图 7 - 3 所示。

4. 视角

视锥角顶形成的角度，即视锥两边线的夹角（包括纵横两个视角，如图 7 - 4 所示），正常的视角约为 60°。

5. 主视线 Ss'

视锥的中轴线，也称中视线、视中线，标志着视向的中心。在透视关系中，主视线与画面形成垂直关系，不因视点与视向移动而改变垂直关系，如图 7 - 2 所示。

6. 主点 s'

又称心点或视心。主点（心点）是主视线与画面的交点，在画面上标志着视点的位置，视点移动，心点也随之移动，画面图像也随之变化。作图时可以用 s' 作符号，如图 7 - 2 所示。

7. 视平线和地平线 HL

在画面上通过心点的一条水平线，与视点等高，随视点移动升高或降低。平视时，视平线与地平线重叠，合为一条线；仰视或俯视时，视平线则脱离地平线，如图 7 - 5 所示。

视平线、主视线与基线称为透视画面的基本三线，是作透视图时必不可少的三条线。

8. 画面 P

在视点与物体之间假设的透明平面，用来截取透视图像，也称理论画面，如图 7 - 2 所示。

9. 基面 G

画者立点和画面所在的水平面，是承载物体的水平面。基面与画面相互垂直。平视时，基面即地面，如图 7-2 所示。

10. 基线 GL

画面与基面的交线，它是作透视图时，确定视平线高度和物体位置远近的基准线，也是物体透视线的起线，如图 7-2 所示。

11. 视距 D

视点至画面心点的距离，即主视线的长度（Ss′）。它与一般视距不同，一般视距是指视点至景物之间的距离，如图 7-2 所示。

12. 视高 G

视点至基面的距离（Ss），在画面上表现为视平线与基线之间的距离。

13. 视线

空间一点 A 与视点 S 的连线，即为视线，它与画面 P 的交点 $\bar{A}$，即为 A 点的透视。

此外还有一些透视名词将在后面章节中详细介绍。

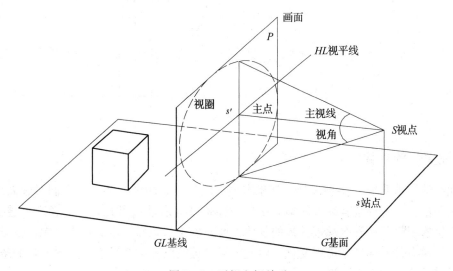

图 7-2　透视空间关系

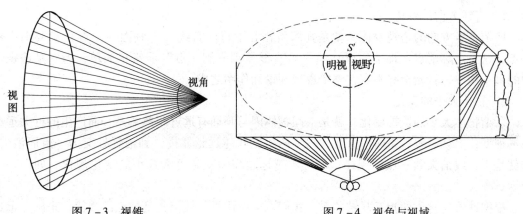

图 7-3　视锥　　　　　　　　图 7-4　视角与视域

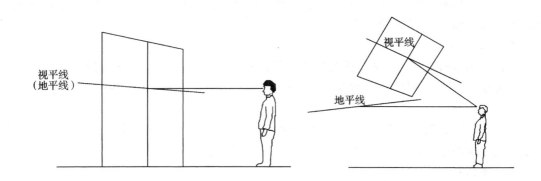

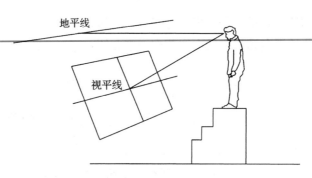

图 7 – 5   视平线与地平线

四、透视变化的规律

空间物体（或直线）多种多样，如果取出空间的任意两个物体来看它们对画面的关系，不外是两种情况：一种是有远近距离关系，一种是没有远近距离关系。前者产生透视变化，后者不产生透视变化。没有远近关系的物体，就是处于与画面平行的状态，无论位于透视空间的上下、左右都不会产生透视变化。由此可见，远近纵深关系是物体透视变化的条件，没有远近纵深关系，就没有透视。

空间物体（直线）由于远近距离关系产生的透视变化规律有三种：一是直线方向的变化，二是物体大小的变化，三是平面方向的变化。

1. 直线方向的变化

所谓直线方向的透视变化，就是凡两条相互平行的直线（与画面不平行）都要消失到一点，这一点称消点（即消失点）。"平行直线要消失到一点"看来很简单，但它是透视学中的基本规律，自始至终贯穿在整个透视理论和作图之中。

2. 物体大小的变化

所谓物体大小的透视变化，就是空间物体因与画面有远近距离关系，而产生的近大远小的透视变化。如沿着铁路向前方看，只见两条铁轨越远越靠拢，到最远处交为一点而消失，这就是平行线消失到一点的规律；而枕木越远越缩短就是近大远小的变化规律。如图7 – 6所示。

根据铁轨与枕木的相互联结关系，我们可以应用平行线消失到一点的规律，来确定远近不同物体的大小。

图7-6 物体透视变化

如欲作 A、B 两棵远近不同的小树的透视，先在近处 A 画出任意高度的树，再定 B 处小树的位置。其次，过 A 处树根通过 B 往地平线连线得 M 点，再过 M 点往回向 A 处树梢 D 连线，这样 B 处的树高应被 A、D 与 M 点连线所确定。因此，我们把 A、D 与 M 的连线形成的三角形称为透视缩尺，如图7-7所示。

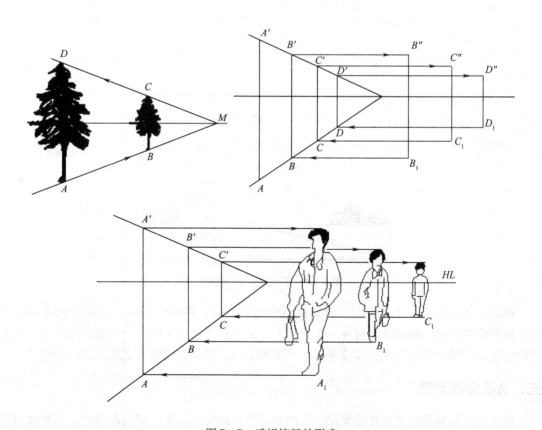

图7-7 透视缩尺的形成

透视缩尺是一种截量平行画面线段长度的方法，是以已知平行画面的线段长度、比例为基准，向消失点连线去分割另一平行画面的直线。

3. 平面方向的变化

所谓平面方向的变化，就是平面（与画面不平行时）向远方延伸要消失到一条线上，这条线即消线。如地平面向远方延伸，最后消失在地平线上，地平线就是地平面的消线。凡是与地平面平行的平面，其消线就是这条地平线。

除水平的平面外，不同方位的平面，如直立面（如墙面）和倾斜面（如桥面、堤坝、坡路）都有各自的消线。由于这些平面的范围有限，没有扩展到无限远，所以它的消线是无形的，不能像地平线那样被我们看到，如图 7 - 8 所示。但这些无形的消线，在表现垂直面或斜面上的形体透视方向或日光投影时将会用到。

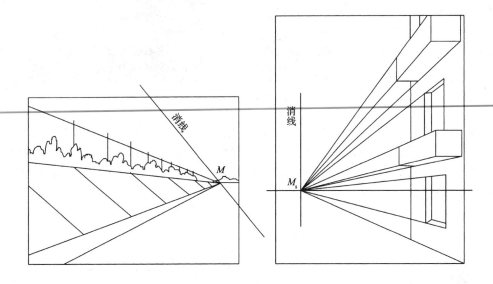

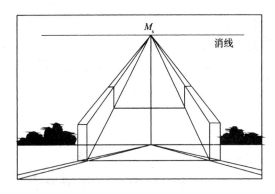

图 7 - 8　不同方位平面消线

那么，认识消线有什么作用？消线就是平面的方向，消线的不同，就是平面方向的不同。要想恰当地把一些物体表现在一个平面上，或平行于一个平面，消线就是这个平面消失方向的准绳，所以平面上的直线或平行于平面的直线、平面都要消失到该平面的消线上。

五、透视图的类型

由于物体与画面相对位置的变化，它的长、宽、高三组重要方向的轮廓线，与画面可能平行，也可能不平行。与画面不平行的轮廓线，在透视图中就会形成灭点，该灭点称为主向灭点。与画面平行的轮廓线，在透视图中不会形成灭点。因此，透视图的类型可以按主向灭点的多少进行区分。

1. 一点透视

如图7-9所示，物体的主要面（前表面）与画面平行，其上的 OX、OY、OZ 三个主向中，只有 OY 主向与画面垂直，另两个主向与画面平行。在所作物体的透视图中，与三个主向平行的直线，只有 OY 主向直线的透视有灭点，其灭点为心点 s'，这样画出的透视，称为一点透视。在该情况下，物体的主要表面平行于画面，所以又称为平行透视。

2. 两点透视

如图7-10所示，物体仅有铅垂轮廓线（OZ）与画面平行，其上的另两组主向轮廓线均与画面相交，于是在画面上会形成两个灭点，这两个灭点都在视平线 HL 上。这样画出的透视称为两点透视。在该情况下，物体的两个主向立面均与画面成倾斜角度，所以又称为成角透视。

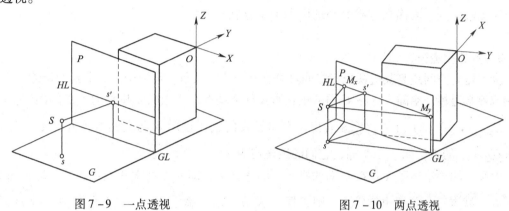

图7-9　一点透视　　　　　　　　图7-10　两点透视

3. 三点透视

如图7-11所示，如果画面倾斜于基面，即与物体三个主要轮廓线相交，于是在画面上会形成三个灭点，这样画出的透视称为三点透视。在该情况下，画面是倾斜的，所以又称为斜透视。

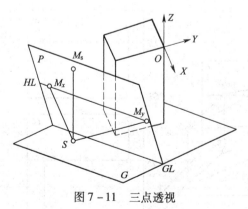

图7-11　三点透视

第二节　点的透视

一、定义与性质

1. 点的透视

根据透视的定义，点的透视应为通过该点的视线与画面的交点。如果点在画面上，则其透视即为该点本身。

如图 7 – 12 所示，设画面为 P，视点为 S。现有一点 A 位于画面的后方，引视线 SA，与 P 面的交点 $\overline{A}$，即为 A 点的透视。因为视线为一条直线，它与一个平面只能交于一点，故一点的透视仍为一点。

现设一点 B 位于画面的前方，则延长视线 SB，与 P 面交得透视 $\overline{B}$。若一点 C 恰在画面 P 上，则通过 C 点的视线与 P 面的交点 $\overline{C}$ 即为 C 点本身。如图中有一点 D 的视线 SD 平行于画面 P 时，则与画面交于无限远处，因而在有限大小的画面上不存在透视。

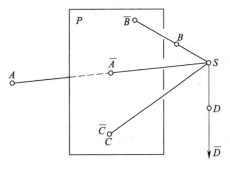

图 7 – 12　点的透视

2. 点的次透视

为了建立空间点与其透视投影之间具有唯一对应的关系，需要引入一个新的概念——次透视或称基透视。空间点 A 在 G 面的正投影 a 称为基点，其透视 $\overline{a}$ 则称为 A 点的次透视。

从图 7 – 13（a）中可以明显看出，空间点 A 的透视投影 $\overline{A}$ 与空间点 A 并非唯一对应；所有在 SA 上的点，如 A_1、A_2 等，它们的透视均为 $\overline{A}$。

但是，如果给出了 A 点在 G 面的投影 a 的透视 $\overline{a}$，即 A 点的次透视；此外，若画面 P、基面 G 与视点 S 的位置也已确定，则根据 $\overline{A}$ 及 $\overline{a}$，即可确定 A 点在空间的位置。因为在空间，先连视线 $S\overline{A}$，则 A 点必在其上；再连 $S\overline{a}$，与基面交得 a 点，由 a 作垂直的投射线 aA，与 $S\overline{A}$ 的交点，即为 A 点。于是 A 点在空间的位置就被确定了。透视 $\overline{A}$ 与次透视 $\overline{a}$ 之间的连线 $\overline{A}\,\overline{a}$ 称为连系线。

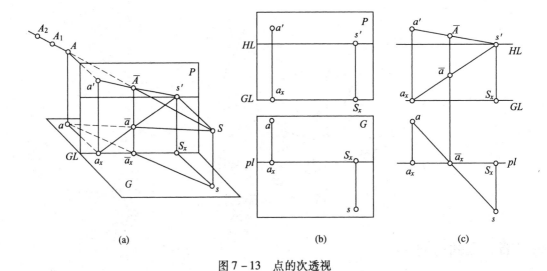

(a)　　　　　　　　　　(b)　　　　　　　　　　(c)

图 7 – 13　点的次透视

二、点的透视作法

点的透视，可利用正投影法中求直线与平面的交点方法作出。因为一点的透视，就是通过该点的视线与画面的交点。

图 7 – 13（a）中，设 A 点的 G 面和 P 面投影为 a 和 a'；视点 S 的 G 面和 P 面投影为 s 和 s'。则视线 SA 的 P 面投影为连线 $s'a'$。因透视 $\overline{A}$ 在 P 面上，其 P 面投影即为本身，故 $\overline{A}$ 必在 $s'a'$ 上。又视线 SA 的 G 面投影为连线 sa。因 P 面上 $\overline{A}$ 的 G 面投影既在 sa 上，也在投影轴即基线 GL 上，而为它们的交点 $\overline{a}_x$。$\overline{A}\,\overline{a}_x$ 是投射线，必垂直于 GL。故一点 A 的透视 $\overline{A}$，位于该点的 G 面投影 a 和站点 s 间连线 sa 与 GL 交点 $\overline{a}_x$ 处竖直线上。

至于次透视 $\overline{a}$，因 a 点的 p 面投影为 GL 上的 a_x 点，故视线 Sa 的 P 面投影为 $s'a_x$，点 $\overline{a}$ 必在其上；又 sa 也为视线 Sa 的 G 面投影，所以 sa 与 GL 的交点 $\overline{a}_x$，也是 $\overline{a}$ 的 G 面投影，故 $\overline{a}$ 也在投射线 $\overline{A}\,\overline{a}_x$ 上。于是得出下列结论：一点的透视 $\overline{A}$ 与次透视 $\overline{a}$ 位于 GL 轴的同一条垂直线上，即 $\overline{A}$ 与 $\overline{a}$ 间连系线为一条竖直线。

投影图如图 7 – 13（b）、（c）所示，为了使得 G 面和 P 面上图形不重叠，透视图作法中，一般将 G 面和 P 面拆开来排列。如（b）中，P 面排在上方，G 面排在下方，不像正投影图中，把 G 面绕着 GL 轴旋转得与 P 面重叠在一起。此时，GL 轴就分别在 G 面及 P 面上各出现一次，在 G 面上的用 pl 表示，在 P 面上的用 GL 表示，但 G 面及 P 面仍在竖直方向上下对齐。也可将 G 面放在上方而 P 面放在下方，甚至布置成其他合适位置，而且通常不画出边框，如图 7 – 13（c）所示。

图 7 – 13 中，（b）为已知条件，（c）为作图过程。先在 G 面上作连线 sa，与 pl 交于 $\overline{a}_x$，由之作竖直线，与 P 面上连线 $s'a'$、$s'a_x$ 的交点 $\overline{A}$、$\overline{a}$，即为 A 点的透视和次透视。

这种利用视点和空间点的正投影来作出透视和次透视的方法，称为正投影法。这是作透视的最基本的方法。但在以后作其他几何形体的透视时，可以利用它们的透视特性来使得作图更有规律，届时将不用正投影法来作透视。

第三节　直线的透视

一、直线透视的概念

直线的透视，为直线上各点的透视的集合。直线的透视，一般情况下仍为直线；当直线通过视点时，其透视仅为一点；当直线在画面上时，其透视即为本身。

如图 7 – 14 所示，通过直线 AD 上各点 A、B、$\cdots$、D 的视线 SA、SB、$\cdots$、SD，与画面 P 交得的各点透视 $\overline{A}$、$\overline{B}$、$\cdots$、$\overline{D}$ 等，它们的连线，为直线 AD 的透视。这时，由于所有视线 SA、SB、$\cdots$、SD 组成一个平面，称为视平面。它与画面 P 的相交直线 $\overline{AD}$，包含了所有视线与画面的交点，即包含了各点的透视。因此，通过直线 AD 的视平面 SAD 与画面 P 的相交直线 $\overline{AD}$ 即为直线 AD 的透视，因而直线的透视仍为一条直线。

但当直线如 EF 通过视点 S 时，通过线上

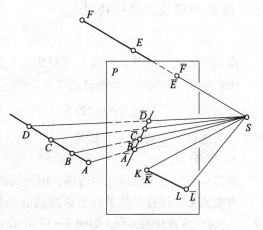

图 7 – 14　直线的透视

各点的视线，实际上只是与 EF 重叠的一条视线，与画面只交于一点，故这种位置的直线，其透视 $\overline{EF}$ 蜕化成一点。

又如图中直线 KL，因在画面上，通过它的视平面与画面 P 的交线，仍是这条直线 KL，所以 KL 的透视 $\overline{KL}$ 即为本身。

二、画面平行线的透视特性

直线对画面的相对位置，可分为两大类：（1）画面平行线　为与画面平行的直线；（2）画面相交线　为与画面相交的直线。

1. 画面平行线的透视，与直线本身平行

如图 7 – 15 所示，直线 AB 平行画面 P，通过它的视平面 SAB 与画面交得的直线，即透视 $\overline{AB}$，应与 AB 平行。

又由于画面平行线方向的不同，分为三种，即竖直线、水平线和倾斜线。当画面为竖直方向时，则这种画面平行线的透视仍成竖直、水平和同样倾斜的方向。

2. 两条平行的画面平行线的透视，仍互相平行

如图 7 – 16 所示，如 P 面平行线 $AB /\!/ CD$，因为它们的透视 $\overline{AB} /\!/ AB$，$\overline{CD} /\!/ CD$，故 $\overline{AB} /\!/ \overline{CD}$。

推广之，所有互相平行的画面平行线，它们的透视仍互相平行。

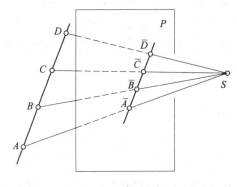

图 7 – 15　平行线透视

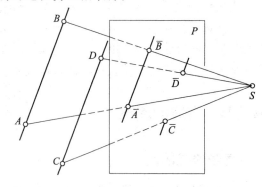

图 7 – 16　平行线透视

三、画面相交线的透视特性

1. 迹点

画面相交线（或其延长线）与画面的交点，称为画面迹点，简称迹点，或画面交点。

画面相交线的透视，必通过迹点。如图 7 – 17 所示，直线 A 与画面 P 交于迹点 $A°$。由于迹点 $A°$ 在画面上，它的透视 $\overline{A°}$ 即为 $A°$ 本身，且由于直线的透视必通过直线上各点的透视，故直线 A 的透视 $\overline{A}$ 必通过 $\overline{A°}$，即通过 $A°$。因 $\overline{A°}$ 必与 $A°$ 重合，故以后标注时 $\overline{A°}$ 常省略。

2. 灭点

画面相交线上无限远点的透视，称为灭点。

直线的灭点位置，是平行于该直线的视线与画面的交点。画面相交线的透视（或延长线），必通过该直线的灭点。如图 7 – 17 所示，设画面相交线 A 上有许多点 A_1、A_2、A_3 等，它们的透视为 $\overline{A_1}$、$\overline{A_2}$、$\overline{A_3}$ 等。当一点离开视点 S 越远，则其视线与直线 A 之间的夹角 ϕ 越小，

即$\phi_3 < \phi_2 < \phi_1$。设一点在直线A上无限远处，则过该点的视线SM将平行于直线A。SM与画面P交于一点M，即为直线上无限远点的透视。因为整条直线的透视好像消灭于此，特称为灭点。故直线A的透视$\overline{A}$（或其延长线）必通过灭点M。本书中，灭点一般用字母M表示。

3. 两条平行的画面相交线有同一灭点，它们的透视（或延长线）相交于该同一灭点

如图7-18所示，有两条互相平行的画面相交线A和B，与其中一条如A平行的视线SM，也必平行于另一条B，故直线A和B有同一条视线SM，因而有同一个灭点M，即它们的透视$\overline{A}$和$\overline{B}$（或延长线）均通过该同一个灭点M。

推广之，所有互相平行的画面相交线有同一个灭点，即它们的透视相交于同一个灭点。

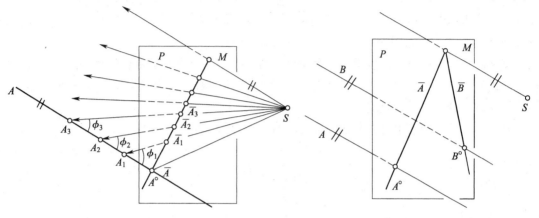

图7-17　直线A的迹点　　　　　　图7-18　两条平行的画面相交线

四、相交和交叉两直线

1. 相交两直线

两相交直线的交点的透视，为两直线的透视的交点。如图7-19所示，两相交直线AB和CD，交点为E点。透视$\overline{E}$必分别位于两直线的透视$\overline{AB}$和$\overline{CD}$上，故$\overline{E}$为$\overline{AB}$和$\overline{CD}$的交点。

但当交点处于通过它的视线平行画面时，则交点的透视位于画面上无限远处，因而两相交直线的透视交于无限远处而互相平行。

2. 交叉两直线

两交叉直线的透视如相交时，交点为两直线上位于同一视线上两点的透视。如图7-20所示，空间两交叉直线AB和CD，设它们的透视$\overline{AB}$和$\overline{CD}$相交于一点$\overline{E}$，乃是由于两条线上各有一点E_1和E_2，位于同一条视线SE_1上的缘故。当观者观看两直线时，由于E_1点比E_2点远，故只能看到E_2点，E_1点为不可见的。

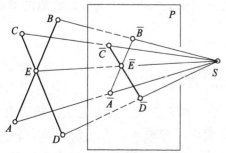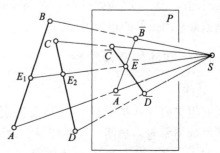

图7-19　两相交直线交点的透视　　　　图7-20　两交叉直线的透视

第四节　平面的透视

一、平面透视的概念

平面图形的透视，即为平面图形边线的透视。一般情况下，平面多边形的透视仍为一个边数相同的平面图形；只有当平面（或扩大后）通过视点时，其透视成为一直线。画面上平面图形的透视，即为图形本身。

因为平面图形的形状、大小和位置，是由它的边线（轮廓线）决定的，故平面图形的透视，由其边线的透视来表示，且边线的线段数量也不变。如图 7-21 所示，一个五边形 $ABCDE$ 的透视仍为一个五边形 $\overline{ABCDE}$。

当平面通过视点时，通过平面上各点的视线，位于一个与该面重合的视平面上，故这些视线与画面的交点的集合，即平面的透视，实为该视平面、也为平面本身与画面的相交直线，故这时的透视成为一直线。

平面图形位于画面上时，其透视即为本身，所以形状、大小和位置都不变。

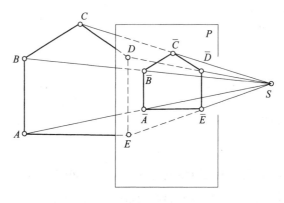

图 7-21　画面平行面的透视

二、画面平行面的透视特性

平面对画面的相对位置不同，可分为两大类：（1）画面平行面　与画面平行的平面；（2）画面相交面　与画面相交的平面。

画面平行面的透视，为一个与原来平面图形相似的图形。因为经过平面图形的边线上各点的视线，组成一个以视点为顶点的锥面，如图 7-21 所示的五棱锥，其透视相当于以画面为截面时的截交线，因为此时画面 P 与底面平行，故截交线是一个与底面相似的图形，故透视是原来平面图形的相似图形。

三、画面相交面的透视特性

1. 迹线

画面相交面（或扩大后）与画面的交线，称为画面迹线，简称迹线，或画面交线。它的透视即为本身。如图 7-22 所示，设画面相交面 V 与画面 P 交于迹线 V_p，因两个平面的交线为一条直线，故平面的迹线必为一条直线，画面交线因在画面上，它的透视即为本身。

2. 灭线

平面上各无限远点的透视，集合成的直线称为灭线。平面的灭线也是平面上各直线的灭点的集合。平面的灭线位置，也是平行于该平面的视平面与画面相交成的直线。

如图 7 – 22 所示，设平面 V 上有许多直线 A、B 等，直线上的无限远点 A_∞、B_∞ 等，也是平面上的无限远点。平行于各直线的视线而作出的直线上无限远点的透视 M_A、$M_B\cdots$，即各灭点，也是平面上各无限远点的透视，它们的集合 V_M 就是平面的灭线。

通向平面上各无限远点的视线，也就是平行于平面上各直线的视线，组成一个平行于平面 V 的视平面，它与画面交成的直线 V_M，包含各直线的灭点，也就是包含了朝向平面上各无限远点的视线与画面的交点，即包含了平面上所有的无限远点的透视，所以这条直线就是平面的灭线。因此，平面的灭线是一条直线。

3. 画面相交面的迹线和灭线互相平行

如图 7 – 22 所示，因为画面相交面的迹线 V_P 和灭线 V_M 为互相平行的 V 面和平行它的视平面与画面 P 的交线，故必定互相平行。

画面平行面以及与它平行的视平面，均与画面平行而与画面相交于无限远处，所以在有限的画面内，画面平行面没有迹线和灭线。

4. 互相平行的画面相交面，有同一条灭线

因为互相平行的画面相交面，公有一个与它们平行的视平面，所以公有一条灭线。

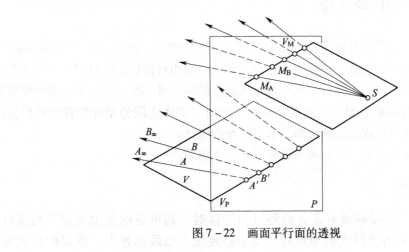

图 7 – 22 画面平行面的透视

第八章 透视图的基本画法

在设计工作中，利用正投影绘制的工程图能准确、清楚地反映设计对象，但不能直观地表现设计效果，不便于设计方案的评价、修改，也不便于交流，尤其是不便于与用户（消费者）的交流。运用透视图能有效地弥补工程图的不足，提高设计质量，因为透视图是按中心投影的原理绘制的，它符合人们的视觉印象，如近大远小、近高远低等图像特征，表现的效果形象、逼真。

实际上，透视是一种绘画活动中的观察方法和研究画面空间的专业术语，通过这种观察方法可以归纳出视觉空间变化的规律。根据第七章的透视原理，应用制图工具绘制产品（工程）透视图是设计人员必须掌握的一项基本技能。本章主要介绍透视图的基本画法。

第一节 透视参数的合理选择

学习透视图，不仅要掌握各种画法，合理选择透视图的类别，而且还必须安排好视点、画面与物体三者之间的相对位置。这是因为，当三者之间的相对位置不同时，所画形体的透视图将呈现出不同的形象。为了获得表现效果令人满意的透视图，在正式绘图之前应根据所绘对象的特点和对透视形象的要求，选择好视点、画面与物体之间的相对位置。我们把视点、画面与物体之间相对位置的选择统称为透视参数的选择。

要合理地选择好透视参数，应着重考虑好以下几个问题。

一、人眼的视觉范围

根据测定，人的一只眼睛观看前方的环境和物体时，其可见的范围接近于椭圆锥，该范围称为视域。椭圆锥是以人眼为顶点、以中心视线为轴线的锥面，所以称为视锥。锥顶的夹角称为视角，如图 8 – 1 所示；水平视角 α 可达 $120° \sim 148°$，垂直视角 β 可达 $110° \sim 125°$。但是能清晰可辨的范围只是其中的一部分，为了使作图简便，通常将视锥近似地看作是正圆锥。在绘制透视图时，常将视锥控制在 $60°$ 以内，而且还要综合考虑绘图方便等因素。因此，画透视图时，视角的大小一般选择为：室内透视以 $37° \sim 54°$ 为宜；而对家具产品的透视，视角则可在 $54° \sim 60°$。视角大于 $60°$ 时，图形将产生较大变形。

二、视点的选择

视点的选择包括选定视距、站点的左右位置和视高。

1. 视距的选择

视距的选择通常在平面图中进行，其原则是要保证水平视角的大小适宜。为了便于操作，常令视距为拟画透视图的大小即画幅宽度的函数。如图 8 – 2 所示，设过站点 s 作两条外围视线，它们与画面投影线相交得两个交点，这两个交点之间的距离 K 即为拟画透视图的画幅宽度。当取视距 $D=1.5K$ 时，所对应的水平视角约为 37°；当取视距 $D=K$ 时，所对应的水平视角约为 54°。所以，在一般情况下，选取视距 $D=（1～1.5）K$ 是适宜的。但这不是硬性规定，视实际情况也可以取小于 K 或大于 $1.5K$。

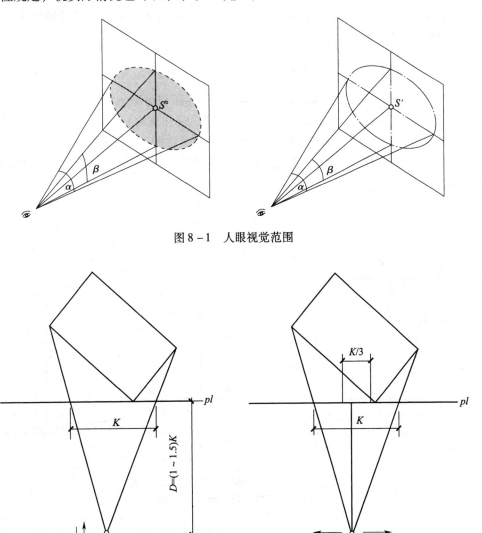

图 8 – 1　人眼视觉范围

图 8 – 2　站点位置的选择

2. 站位的选择

站位的选择原则是使站点左右的位置最好处于画面中部的正前方，即令过站点所作画面垂线的垂足最好落在画幅宽度 K 的中段 1/3 范围内。

3. 视高的选择

视高是视点与站点间的距离，即视平线与基线间的距离。视高的选择即视平线相对于基线高度的选择。

视平线是上下物体形状变化的分割线，决定着空间物体形状的透视变化，如何选择视平线是透视构图的首要问题。一条视平线虽然简单，但是一旦在画面上定下来，就会产生透视构图效果的变化，所以在透视作图之前要认真考虑。

　　正确选择视平线（视高），首先应根据设计要求确定视平线在画面上的位置。如要表现一幅室内家具透视图，为了能全面反映家具的布置效果，视平线就应放在房间的上半部，即画面的上半部；如要表现以室内墙面与天棚为主的透视图时，视平线就应放低一些，可放在画面的下半部。其次，常用的视平线，如表现平视下的透视图，一般要根据人体的正常高度来确定视平线的高度，以 1.6 ~ 1.8m 为宜。有时为了使透视图取得某种特殊效果，也可将视平线适当提高或降低。

三、画面与物体相对位置的选择

　　画面与物体相对位置的选择主要视物体的外观特征和对画透视图的要求而定。前面说过，对只有一个主立面但形状较复杂的物体（包括建筑和室内），适宜选用一点透视。对两相邻主立面的形状都比较复杂的物体，则适宜选用两点透视；若其中还有主次之分，可令更主要的立面对画面的倾角相对小一些，从使用三角板或度量方便的角度考虑，通常将倾角分别定为 30° 与 60°，如图 8 – 3 所示。

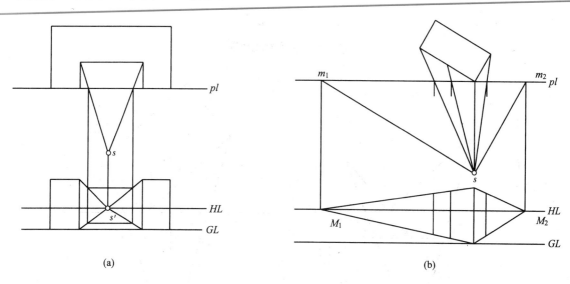

图 8 – 3　画面与物体之间相对位置的选择
（a）一点透视　（b）30° ~ 60° 透视

第二节　视线法作透视图

　　视线法是根据透视图形成原理，利用视线与画面的水平投影来确定点的透视位置的方法，也是最基本的作图方法。在具体作图时，先利用灭点、迹点作直线的透视，利用通过物体上可见点的视线水平投影与画面迹线的交点来确定可见面的透视宽度，再利用真高线来确定各点的透视高度。

一、作图原理

　　1. 相关概念与特性

　　迹点，灭点，视线。迹点的透视就是其本身。互相平行的画面相交线具有同一个灭点。画面平行线的透视，与直线本身平行。地面上直线的迹点，位于基线 GL 上；与地面平行的直线的灭点，位于视平线 HL 上。第七章已经讲过，空间一点 A 的透视 $\bar{A}$，位于 sa 与 pl 交点

a_x 处垂直线上。求平面立体的透视可以看作是求作立体棱线的透视。

2. 真高线

物体的某一条高度棱线，如果与画面相交，则该条棱线为迹线，其透视就是它本身，它反映了物体的真实高度，因而，我们就称它为真高线。

3. 视线法

利用直线的迹点、灭点和视线的地面投影求作直线线段透视的方法，称为视线法。

二、作图方法

将中心投影体系正投影后拆分成两个平面，上下对齐。为了节省图幅，可将两平面部分重叠，如图 8 - 4 所示；再求得已知直线（或平行直线组）的灭点，以及已知直线的迹点。这时就可以确定已知直线的全透视了。然后根据"一点 A 的透视 $\bar{A}$，必位于 sa 与 pl 的交点 a_x 处竖直线上"，作连系线就可以求得直线的透视。依此类推，便能求得物体上所有直线的透视。

三、作图程序

视线法的作图程序，我们用一个实例来说明，如图 8 - 4 所示。

已知：双开门矮柜的外形轮廓以及在地面上的位置，视高，视距，站点的位置，比例。

求作：用视线法作矮柜的透视图。

作图步骤：

（1）布置图面　任意作一水平线作为画面投影线 pl，根据视距在适当的位置确定站点 s，并画出矮柜在地面的投影 $abcde$，为了作图方便，使柜子的一垂直棱线与画面相交；在站点 s 和 pl 之间，画两条水平线 HL 和 GL，使得两线之间的距离为视高，此步骤主要用于今后自己确定透视条件绘制透视图；

（2）求柜子深度和宽度方向两组平行线的灭点　柜子高度方向的直线为铅垂线而平行于画面，它们的透视仍为竖直方向，过 s 分别作 ab、ad 的平行线，交 pl 于 m_1、m_2，然后分别过 m_1、m_2 向视平线 HL 作连系线，交视平线 HL 于 M_1、M_2；

（3）作柜子的次透视　因 a 位于基线上（迹点），其透视即为本身；过 a 作连系线与 GL 相交于 $\bar{A}$；作直线 AB 的透视，先画全透视 $\bar{A}M_1$，然后连 sb，与 pl 相交于 b_x，再过 b_x 作连系线与 $\bar{A}M_1$ 相交于 $\bar{B}$；作直线 AD 的透视，先画全透视 $\bar{A}M_2$，然后连 sd，与 pl 相交于 d_x，再过 d_x 作连系线与 $\bar{A}M_2$ 相交于 $\bar{D}$；求 C 点的透视（直线 BC 和直线 DC 的透视），C 点的透视可有两种求法：一是利用上面的方法，连 $\bar{B}M_2$ 或 $\bar{D}M_1$，再连 sc，与 pl 相交于 c_x，过 c_x 作连系线与 $\bar{B}M_2$ 或 $\bar{D}M_1$ 相交于 $\bar{C}$；二是利用"两相交直线交点的透视，就是两直线透视的交点"特性求解，分别连 $\bar{B}M_2$、$\bar{D}M_1$，两线的交点即为 $\bar{C}$；

（4）作柜子的全透视　主要是求柜子的各高度点，分别过 $\bar{A}$、$\bar{B}$、$\bar{C}$、$\bar{D}$ 向上作垂线，因 AA_1 位于画面上，其透视即为本身，高度不变（真高线）；由 a_1' 作水平线，与过 $\bar{A}$ 的垂线相交于 $\bar{A}_1$。连 $\bar{A}_1M_1$、$\bar{A}_1M_2$，分别与过 $\bar{B}$ 点和 $\bar{D}$ 点的垂线相交于 $\bar{B}_1$、$\bar{D}_1$；连 $\bar{B}_1M_2$、$\bar{D}_1M_1$，两线相交于 $\bar{C}_1$（柜子背面不可见）。用同样的方法，可以在真高线上截取柜子踢脚板、柜面板厚度各高度点，分别向 M_2 连线即可；最后作柜门的透视，连 se，与 pl 相交于 e_x，过 e_x 向下作连系线，分别与 $\bar{A}\bar{D}$、$\bar{A}_1\bar{D}_1$ 相交于 $\bar{E}$、$\bar{E}_1$；

（5）加深柜子的外形轮廓，即可完成作图。

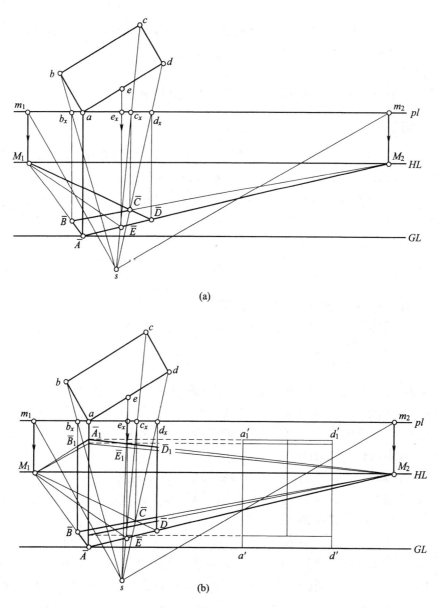

(a)

(b)

图 8-4　视线法作透视图

（a）柜子次透视　（b）柜子全透视

第三节　迹点法作透视图

一、作图原理

在迹点法作图中要运用以下概念：迹点、灭点、真高线。

透视规律：迹点的透视就是其本身；画面相交线的透视，必通过迹点，也通过灭点；两相交直线交点的透视，为两直线透视的交点。

迹点法就是利用以上两条规律来求解直线、点的透视方法，过迹点的棱线均为真高线。

二、作图程序

已知：双开门矮柜的水平投影和正投影，画面，视高，视距，站点的位置，比例，如图 8 – 5 所示。

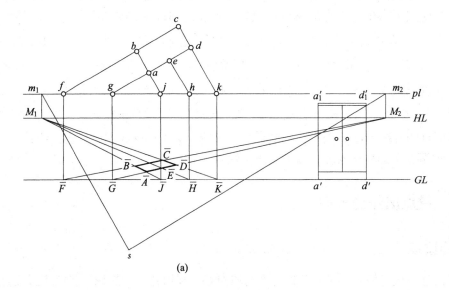

(a)

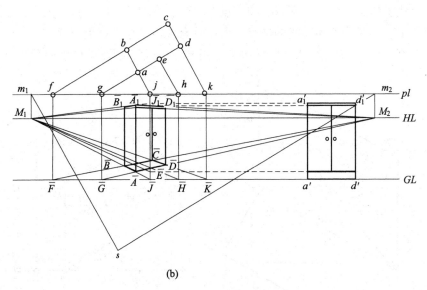

(b)

图 8 – 5　迹点法作透视图

（a）柜子次透视　（b）柜子全透视

求作：用迹点法作矮柜的透视图。

作图步骤：

（1）求柜子深度和宽度方向两组平行线的灭点（柜子高度方向的直线为竖直线而平行于画面，它们的透视仍为竖直方向。）过 s 分别作 ab、ad 的平行线 sm_1、sm_2，交 pl 于 m_1、m_2，然后分别过 m_1、m_2 向视平线 HL 作连系线，交视平线 HL 于 M_1、M_2；

（2）将直线 bc、ad、ab、cd 分别向画面投影线 pl 延长，得迹点 f、g、j、k；过 e 点作 ab 的平行线，与 pl 相交于 h；

（3）作柜子的次透视 过 f、g、j、k、h 分别向 GL 作连系线，得迹点的透视 $\overline{F}$、$\overline{G}$、$\overline{J}$、$\overline{K}$、$\overline{H}$；连 $\overline{J}M_1$、$\overline{G}M_2$ 两线相交于 $\overline{A}$；$\overline{F}M_2$ 与 $\overline{J}M_1$ 相交于 $\overline{B}$；$\overline{K}M_1$ 与 $\overline{F}M_2$ 相交于 $\overline{C}$，与 $\overline{G}M_2$ 相交于 $\overline{D}$；连 $\overline{H}M_1$，与 $\overline{AD}$ 相交于 $\overline{E}$；

（4）作柜子的全透视 分别过 $\overline{A}$、$\overline{B}$、$\overline{C}$、$\overline{D}$、$\overline{E}$ 向上作垂线；因为 $\overline{A}$ 不是迹点，所以柜子的各高度点不能在过 $\overline{A}$ 点的垂线上量取；但 g、j 是直线 ad、ab 的迹点，因而，$\overline{A}_1$ 可以通过 $\overline{G}_1$ 或 $\overline{J}_1$ 求得；同理，$\overline{B}_1$、$\overline{C}_1$、$\overline{D}_1$ 可以通过 $\overline{F}_1$、$\overline{K}_1$ 求得，不过只要求得了 $\overline{A}_1$、$\overline{B}_1$、$\overline{C}_1$、$\overline{D}_1$ 也就很容易求得了；在过 $\overline{J}$ 点的垂线上截取柜子的最高点 $\overline{J}_1$，连 $\overline{J}_1M_1$，分别与过 $\overline{A}$ 点的垂线相交于 $\overline{A}_1$，与过 $\overline{B}$ 点的垂线相交于 $\overline{B}_1$；连 $\overline{A}_1M_2$ 与过 $\overline{D}$ 点的垂线相交于 $\overline{D}_1$；连 $\overline{B}_1M_2$、$\overline{D}_1M_1$，两线相交于 $\overline{C}_1$（$\overline{C}_1$ 点不可见）；同理可求得柜子面板厚度点的透视，踢脚板高度点的透视；过 $\overline{E}$ 向上作垂线，与踢脚线、面板厚度线相交成柜门线；

（5）加深柜子的外形轮廓，即可完成作图。

第四节　量点法作透视图

一、作图原理

空间任意一点，都可以视为两相交直线的交点。利用几何学知识，我们可以通过作辅助线，将已知直线上的点，转化为两直线的交点。只要求得辅助线的迹点、灭点，交点的透视就很容易找到了。如果能使辅助线的迹点、灭点具有规律，作图就更方便了。

设地面上有一直线 AB，其地面投影 ab 与之重合，画面、视点的位置如图 8–6 所示。

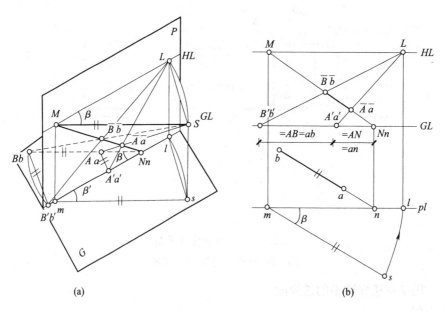

图 8–6　量点法作图原理
（a）空间状况　（b）投影图

先将 AB（ab）延长，与 GL 相交于 N（n）。现过点 A、B 作互相平行的辅助线 AA'、BB'，使得 $NA = NA'$，$NB = NB'$，A'、B' 为辅助线的迹点。等于 A 点绕了 N 点转到 GL 上得 A' 点，于是 $A'N$ 的长度，反映了 A 点到 N 点的长度，此时，N、A'、B' 均在 GL 上。

由视点 S 作视线 $SM /\!/ NA$，与画面 P 相交得 NA 的灭点 M，再由 S 作视线 $SL /\!/ AA' /\!/ BB'$，与画面相交得辅助线的灭点，此时，M、L 均在 HL 上，于是，由 NM 与 $A'L$、$B'L$ 相交得透视 $\overline{A}$、$\overline{B}$，线段 $\overline{A}\overline{B}$ 即为 AB 的透视。

由于 $SM /\!/ AN$，$SL /\!/ AA'$，$GL /\!/ HL$，故 $\triangle SML \backsim \triangle ANA'$。因在 $\triangle ANA'$ 中，$NA = NA'$，是一个等腰三角形，所以 $\triangle SML$ 也是一个等腰三角形，故 $SM = ML$，也等于将 S 点绕了 M 点转到 HL 上 L 点。

量点法：如上所述，我们把辅助线的灭点 L 特称为直线 AB 的量点（或测点），用字母 L 表示，这种利用直线量点作直线段透视的方法，就称为量点法。

量点的求法：在图 8-6（a）中的地面上，因 $\triangle sml$ 为 $\triangle SML$ 的地面投影，$sm = SM$，$ml = ML$；又因 $SM = ML$，故 $sm = ml$，所以，L 点的地面投影，也相当于将站点 s 绕了 m 点转至 pl 上 l 点的位置。在图 8-6（b）中，先求 m 点及 M 点，再以 m 为圆心，ms 为半径，将 s 转至 pl 上得 l 点，由 l 点作垂线，与 HL 交得量点 L；或者，可在 HL 上直接量取 $ML = ms$ 来得到 L 点。

从（b）中可以看出，用量点法作图时，除了灭点、量点和迹点外，不必用直线本身的地面投影来作出视线的地面投影，也就是说在作物体的透视时，可以不用物体的水平投影，这为以后深入研究透视作图问题，提供了一个很好的方法。

二、作图程序

已知：一平面立体的地面投影及外形尺寸，画面，视高，视距，站点的位置，比例，如图 8-7 所示。

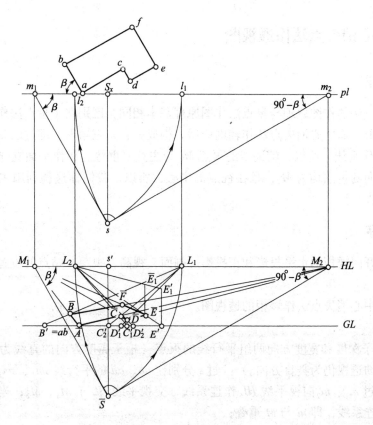

图 8-7 量点法作透视图

求作：用量点法作此立体的透视图。

作图步骤：

（1）求立体深度和宽度方向两组平行线的灭点　　过 s 分别作 ab、ac 的平行线 sm_1、sm_2，交 pl 于 m_1、m_2，然后分别过 m_1、m_2 向视平线 HL 作连系线，交视平线 HL 于 M_1、M_2；

（2）求立体深度和宽度方向的量点　　分别以 m_1、m_2 为圆心，sm_1、sm_2 为半径画弧，与 pl 相交于 l_1、l_2，再过 l_1、l_2 分别作垂线，与 HL 相交于 L_1、L_2，或在 HL 上直接量取 $M_1L_1 = sm_1$、$M_2L_2 = sm_2$ 得 L_1、L_2；

（3）作立体的次透视　　因 A（a）点为迹点，其透视即为本身，得 $\overline{A}$。从 $\overline{A}$ 开始向左截取 $\overline{A}B' = ab$，连 $B'L_1$ 与 $\overline{A}M_1$ 相交于 $\overline{B}$；从 $\overline{A}$ 开始向右截取 $\overline{A}C_1' = ac$，连 $C_1'L_2$ 与 $\overline{A}M_2$ 相交于 $\overline{C}$，连 $L_1\overline{C}$ 并延长与 GL 相交于 C_2'（过 C 点的辅助线的迹点）；从 C_2' 开始向右截取 $C_2'D_1' = cd$，连 $D_1'L_1$ 与 $M_1\overline{C}$ 的延长线相交于 $\overline{D}$，同理，连 $L_2\overline{D}$ 并延长，交 GL 于 D_2'；从 D_2' 开始向右截取 $D_2'E' = de$，连 $E'L_2$ 与 $\overline{D}M_2$ 相交于 $\overline{E}$，连 $\overline{B}M_2$、$\overline{E}M_1$，两线相交于 $\overline{F}$（难点在于求 D 点的透视）；

（4）作立体的全透视　　分别过 $\overline{A}$、$\overline{B}$、$\overline{C}$、$\overline{D}$、$\overline{E}$、$\overline{F}$ 作垂线，在过 $\overline{A}$ 的垂线上截取 $\overline{A}\,\overline{A}_1 = aa_1$ 得高度点 $\overline{A}_1$；连 $\overline{A}_1M_1$、$\overline{A}_1M_2$，分别与过 $\overline{B}$、$\overline{C}$ 的垂线相交于 $\overline{B}_1$、$\overline{C}_1$；同理，可求得 $\overline{D}_1$、$\overline{E}_1$、$\overline{F}_1$。另外，利用量点也可求得立体的各高度点。例如，求 $\overline{E}_1$：过 E' 作垂线，截取 $E'E'_1 = aa_1$，得 E'_1，连 E'_1L_2 与过 $\overline{E}$ 的垂线相交于 $\overline{E}_1$（此过程可由学生自己在图面上填充）；

（5）加深外形轮廓，即可完成作图。

第五节　中心消失点法作透视图

一、作图原理

中心消失点法的作图原理与量点法作图原理基本相同，区别在于量点法作辅助线后，构成一等腰三角形，而中心消失点法作辅助线后，构成一直角三角形，即过已知直线上的点向画面（基线）作垂线，所以，辅助线的灭点 M_s 与主点 s' 重叠。在作平面立体的透视时，其深度和宽度方向的量点均为 M_s，且在视点的中心，所以，我们称这种利用主点作透视图的方法为中心消失点法。

二、作图程序

已知：双开门矮柜的水平投影和正投影，画面，视高，视距，站点的位置，比例，如图 8 - 8 所示。

求作：用中心消失点法作矮柜的透视图。

作图步骤：

（1）求柜子深度和宽度方向两组平行线的灭点（柜子高度方向的直线为竖直线而平行于画面，它们的透视仍为竖直方向。）　　过 s 分别作 ab、ad 的平行线 sm_1、sm_2，交 pl 于 m_1、m_2，然后分别过 m_1、m_2 向视平线 HL 作连系线，交视平线 HL 于 M_1、M_2；当 pl 与 HL 重叠时，则可省略连系线，即 m 与 M 重叠；

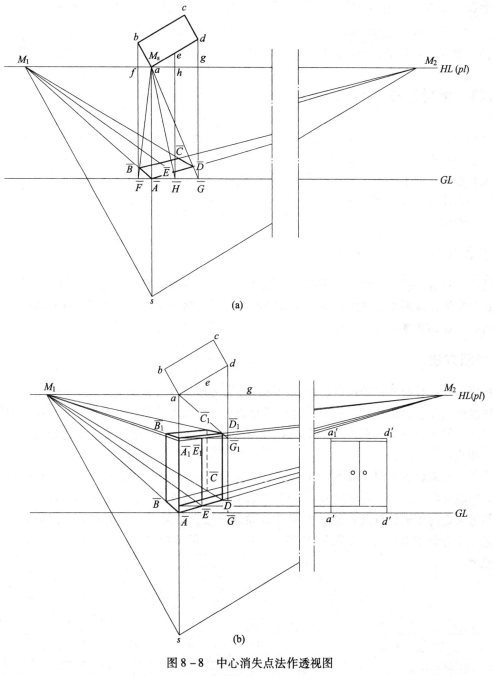

图 8-8　中心消失点法作透视图
(a) 次透视　(b) 全透视

(2) 分别过 b、d、e 向画面投影线 pl 作垂线，得辅助线迹点 f、g、h，再向基线作垂线，得迹点透视点 $\overline{F}$、$\overline{G}$、$\overline{H}$；

(3) 作柜子的次透视　因 A（a）点为迹点，其透视即为本身，得 $\overline{A}$；连 $\overline{F}M_s$，与 $\overline{A}M_1$ 相交于 $\overline{B}$；连 $\overline{G}M_s$、$\overline{H}M_s$，分别与 $\overline{A}M_2$ 相交于 $\overline{D}$、$\overline{E}$；连 $\overline{D}M_1$、$\overline{B}M_2$，两线相交于 $\overline{C}$；

(4) 作柜子的全透视　分别过 $\overline{A}$、$\overline{B}$、$\overline{C}$、$\overline{D}$、$\overline{E}$ 向上作垂线；由 a_1' 作水平线，与过 $\overline{A}$ 的垂线相交于 $\overline{A}_1$，连 $\overline{A}_1M_1$、$\overline{A}_1M_2$，分别与过 $\overline{B}$ 点、$\overline{D}$ 点和 $\overline{E}$ 点的垂线相交于 $\overline{B}_1$、$\overline{D}_1$、$\overline{E}_1$；连 $\overline{B}_1M_2$、$\overline{D}_1M_1$，两线相交于 $\overline{C}_1$；用同样的方法，可以截取柜子踢脚板、柜面板厚度

各高度点，分别向 M_2 连线即可；另外，利用中心消失点也可求得柜子的各高度点，例如，求 $\overline{D}_1$：过 $\overline{G}$ 作垂线，截取 $\overline{G}\overline{G}_1 = a'a'_1$，得 $\overline{G}_1$，连 $\overline{G}_1M_s$ 与过 $\overline{D}$ 的垂线相交于 $\overline{D}_1$；

（5）加深外形轮廓，即可完成作图。

第六节　平行透视

从前面章节所讨论的透视图画法中，我们发现一个共同的特点：平面立体的三组平行线中有一组（高度方向）与画面平行，两组（深度、宽度）与地面平行而与画面成一定的角度，因而也就有两个灭点，其透视图即为两点透视，也称成角透视。本节将介绍另一种透视情况，即物体的主要表面与画面平行（两组平行线均与画面平行）时的透视——平行透视，也称一点透视。

一、作图原理

特点：只有一组平行线与画面相交且为垂直，因而也就只有一个灭点，即主点 S'。

透视特性：画面平行线的透视，与直线本身平行；两条平行的画面平行线的透视，仍互相平行；迹点的透视就是其本身。

二、作图方法

根据物体在投影体系中位置的特点，平行透视可用视线法和量点法作图。

用量点法作平行透视时，画面垂直线的量点 L，是以 S' 为圆心，$S's$ 为半径画弧与视平线的交点。因 $sS' = S'L = $ 视距，所以，这时的量点又称距点，利用距点求作透视图的方法就称为"距点法"。

注意：在求量点 L 时，既可以在主点 S' 的左边，也可以在主点 S' 的右边。在利用量点求直线的透视时，就应注意量度方向。已知直线上一点的透视，求另一点的透视时，如果所求点靠近灭点，则应由量点 L 朝灭点 M 方向量取长度；如果所求点远离灭点，则应由灭点 M 朝量点 L 方向量取长度，如图 8-9 所示，已知 A 点的透视 $\overline{A}$，并知 B 点比 A 点远，C 点比 A 点近。

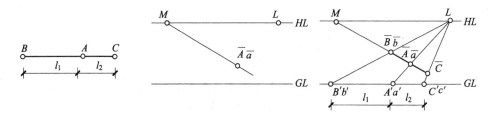

图 8-9　已知直线上一点的透视，用量点法完成直线的透视

三、作图程序（视线法）

已知：平面立体的地面投影及外形尺寸，画面，视高，视距，站点的位置，比例，如图 8-10 所示。

求作：用视线法作立体的透视图。

作图步骤：

为了节约图纸幅面，现将画面投影线（pl）与视平线（HL）重叠。

（1）求立体深度方向的灭点 站点位置确定后，过 s 作垂线与视平线相交即可得到主点 S'，即灭点；

（2）作立体的次透视 因为 A、B 为迹点，其透视就是自己；过 a、b 分别向下作连系线与基线（GL）相交于 $\overline{A}$、$\overline{B}$。连 sd、sc 分别与 pl 相交于 d_x、c_x，过 d_x、c_x 分别向下作垂线，分别与 $\overline{A}S'$、$\overline{B}S'$ 相交于 $\overline{D}$、$\overline{C}$，$\overline{AB} /\!/ \overline{DC}$；

（3）作立体的全透视 分别过 $\overline{A}$、$\overline{B}$、$\overline{C}$、$\overline{D}$ 向上作垂线；因 A、B 为迹点，其棱线则为真高线，过立体的正投影 a_1'、b_1' 作水平线，与 $\overline{A}$、$\overline{B}$ 的垂线分别交于 $\overline{A}_1$、$\overline{B}_1$；连 $\overline{A}_1 S'$、$\overline{B}_1 S'$，分别与过 $\overline{D}$、$\overline{C}$ 的垂线相交于 $\overline{D}_1$、$\overline{C}_1$；

（4）加深外形轮廓，即可完成作图。

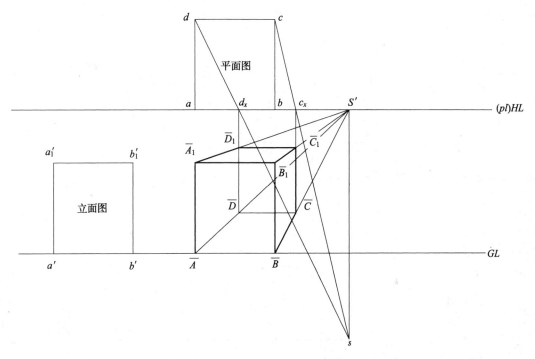

图 8 - 10 视线法作平行透视

四、作图程序（距点法）

已知：组合立体（两个长方体）的地面投影及正面投影，画面，视高，视距，站点的位置，比例，如图 8 - 11 所示。

求作：用距点法作组合体的透视图。

作图步骤：

为了节约图纸幅面，将画面投影线（pl）与视平线（HL）重叠。

（1）求组合体深度方向的灭点和量点 站点位置确定后，过 s 作垂线与视平线相交即可得到主点 S'，即灭点；以 S' 为圆心 S's 为半径逆时针方向（向右）画弧，与视平线 HL 相交于 L；

（2）作组合体的次透视 因为 A、B 为迹点，其透视就是自己；过 a、b 分别向下作连系线与基线（GL）相交于 $\overline{A}$、$\overline{B}$。连 $\overline{A}S'$、$\overline{B}S'$，从 $\overline{B}$ 点开始向左截取 $\overline{B}C_x = bc$，$\overline{B}F_x = bf$，得 C_x、F_x；连 $C_x L$、$F_x L$ 分别与 $\overline{B}S'$ 相交于 $\overline{C}$、$\overline{F}$。过 $\overline{C}$、$\overline{F}$ 作水平线，$\overline{F}\,\overline{G}$ 与 $\overline{A}S'$ 相交于 $\overline{G}$；

从 C_x 开始向左截取 $C_x\overline{D}_x = cd$，得 D_x 点，连 D_xL 与过 $\overline{C}$ 点的平行线相交于 $\overline{D}$，连 $\overline{D}S'$ 与过 $\overline{F}$ 的水平线相交于 $\overline{E}$。$\overline{D}$、$\overline{E}$ 也可以通过延长 ed 找到直线的迹点求得：延长 ed 与 pl 相交于 h，过 h 作连系线与基线 GL 相交于 $\overline{H}$，连 $\overline{H}S'$ 与过 $\overline{C}$、$\overline{F}$ 的平行线分别相交于 $\overline{D}$、$\overline{E}$；

（3）作组合体的全透视　过 $\overline{A}$、$\overline{B}$、$\overline{C}$、$\overline{D}$、$\overline{E}$、$\overline{F}$、$\overline{G}$ 分别向上作垂线；由组合体正投影上的 b_1'、c_1' 作水平线，与真高线 Bb 分别相交于 $\overline{B}_1$、$\overline{B}_2$；过 $\overline{B}_1$ 作水平线与过 $\overline{A}$ 点的垂线相交于 $\overline{A}_1$，连 $\overline{B}_1S'$ 与过 $\overline{F}$ 点的垂线相交于 $\overline{F}_1$；再过 $\overline{F}_1$ 作水平线与过 $\overline{G}$ 点的垂线相交于 $\overline{G}_1$；连 $\overline{B}_2S'$ 与过 $\overline{C}$ 点的垂线相交于 $\overline{C}_1$，与过 $\overline{F}$ 的垂线相交于 $\overline{F}_2$；过 $\overline{C}_1$ 作水平线即可求得 $\overline{D}_1$，连 $\overline{D}_1S'$（或者过 $\overline{F}_2$ 作水平线）可求得 $\overline{E}_1$；

（4）加深外形轮廓，即可完成作图。

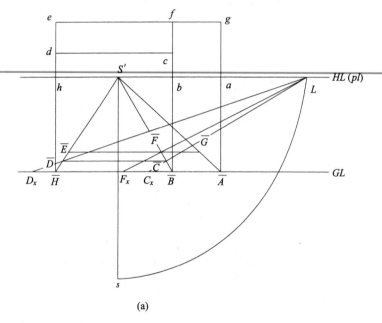

（a）

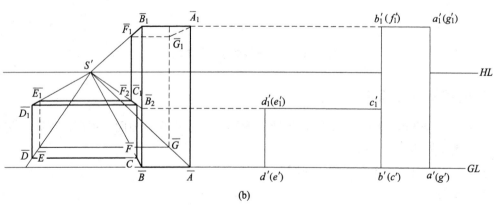

（b）

图 8-11　距点法作平行透视
（a）次透视　（b）全透视

第九章　透视图的实用画法

透视投影是比较接近人眼视觉效果的一种单面投影。但是，如果投影参数选择不当，也会产生透视变形。合理选择投影参数可以获得满意的表达效果；采用正确恰当的作图方法，则可有效提高工作效率。由于设计对象的复杂性，主要是造型要素和形体（空间）大小差异较大，仅靠基本作图方法，既费时费事，又得不到满意的效果。本章将在透视图基本画法的基础上，结合设计实践，介绍包括辅助灭点法、理想画法和网格法在内的常见透视图实用画法和作图技巧。

第一节　灭点不可达时的透视画法

一、辅助灭点法

成角透视的两个灭点，一个离主点近，一个离主点远。在实际作图过程中，较远的灭点往往会超出图纸范围，即使在图纸范围内，也因灭点较远而影响作图，此时可以借助于辅助线的灭点来完成作图。较为常用的做法是在四种基本作图方法中任选两种相结合，即可只用较近的灭点作图，这是因为量点法、中心消失点法的本质是利用辅助线来求解物体宽度方向的透视点，在运用过程中以其中一种方法为主，另一种方法只是辅助求解远灭点方向直线上点的透视。下面通过作图实例来加以说明。

1. 视线法与迹点法结合

已知：双门矮柜的地面投影与正投影，视距，视高，站点的位置，比例等，如图 9 - 1 所示。

求作：矮柜的成角透视。

作图步骤：

（1）过 s 作 ab 的平行线，与 HL（pl）相交于 M；连 sb、sc、sd、se 与 pl 分别交于 b_x、c_x、d_x、e_x；延长 cb、cd 与 pl 分别相交于 f、g；

（2）作矮柜的次透视　由于 A 点为迹点，其透视就是本身，过 a 点作连系线与基线的交点即为 $\overline{A}$，连 $\overline{A}M$，与过 b_x 的垂线相交于 $\overline{B}$；过 g 作连系线与基线相交于 $\overline{G}$，连 $\overline{G}M$，与过 d_x 的垂线相交于 $\overline{D}$、与过 c_x 的垂线相交于 $\overline{C}$；连 $\overline{A}\overline{D}$，与过 e_x 的垂线相交于 $\overline{E}$；$\overline{C}$ 点还可以通过 bc 的迹点 f 来求：过 f 作连系线，与基线相交于 $\overline{F}$，连 $\overline{F}\overline{B}$ 并延长，与 $\overline{G}M$ 相交于 $\overline{C}$；

（3）作矮柜的全透视　过 $\overline{A}$、$\overline{B}$、$\overline{C}_1$、$\overline{D}$、$\overline{E}$ 分别向上作垂线，在真高线 $\overline{A}a$、$\overline{G}g$ 上分别截取矮柜的各高度点 $\overline{A}_1$、$\overline{A}_2$、$\overline{A}_3$、$\overline{G}_1$、$\overline{G}_2$、$\overline{G}_3$，连 $\overline{G}_1M$、$\overline{G}_2M$、$\overline{G}_3M$，与过 $\overline{D}$ 点的垂线相交于 $\overline{D}_1$、$\overline{D}_2$、$\overline{D}_3$；连 $\overline{A}_1\overline{D}_1$、$\overline{A}_2\overline{D}_2$、$\overline{A}_3\overline{D}_3$；连 $\overline{A}_1M$，与过 $\overline{B}$ 点的垂线相交于 $\overline{B}_1$；连 $\overline{D}_1M$，与过 $\overline{C}$ 点的垂线相交于 $\overline{C}_1$；

（4）加深外形轮廓即可完成作图。

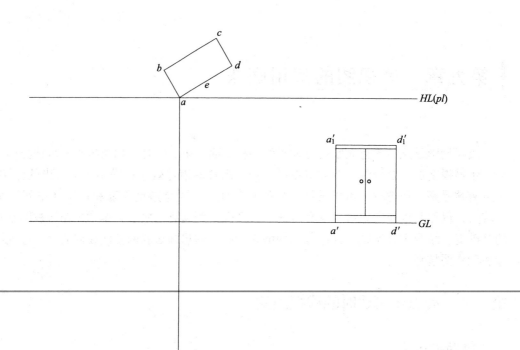

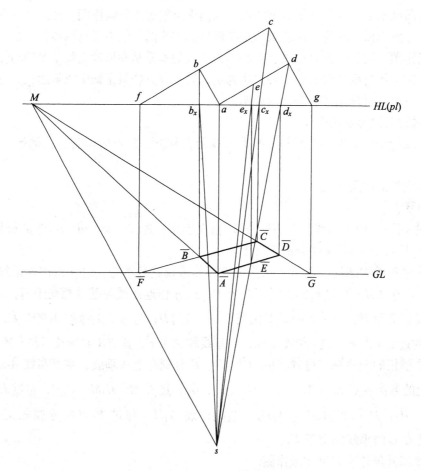

图 9-1 视线法与迹点法结合 (1)

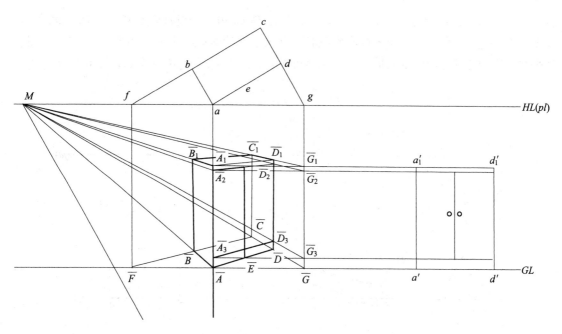

图 9 - 1　视线法与迹点法结合（2）

2. 量点法与中心消失点法结合

已知：双门矮柜的地面投影与正投影，视距、视高、站点的位置、比例等，如图 9 - 2 所示。

求作：矮柜的成角透视。

作图步骤：

（1）过 s 作 ab 的平行线，与 HL（pl）相交于 M，以 M 为圆心 Ms 为半径画弧，与 HL 相交于 L_1（深度方向的量点）；在 pl 上截取 af = ad，连 fd（辅助线），过 s 作 fd 的平行线，与 HL 相交于 L_2（宽度方向的量点）；过 d 点向 pl 作垂线，与 pl 相交于 g（此步骤中求解 L_2 是关键）；

（2）作矮柜的次透视　由于 A 点为迹点，其透视就是本身，过 a 点作连系线与基线的交点即为 $\overline{A}$，连 $\overline{A}M$，从 $\overline{A}$ 开始向左截取 $\overline{A}B' = ab$，连 B'L_1，与 $\overline{A}M$ 相交于 $\overline{B}$；过 f、g 分别作连系线与基线 GL 相交于 $\overline{F}$、$\overline{G}$，连 $\overline{F}L_2$、$\overline{G}s'$，两线相交于 $\overline{D}$；过 c 向下作垂线与 pl 相交于 h，与 GL 相交于 $\overline{H}$；连 $\overline{H}s'$，与 $\overline{D}M$ 相交于 $\overline{C}$；

（3）作矮柜的全透视　过 $\overline{A}$、$\overline{B}$、$\overline{C}$、$\overline{D}$ 分别向上作垂线；在真高线 $\overline{A}a$、$\overline{F}f$ 上分别截取矮柜的各高度点 $\overline{A}_1$、$\overline{A}_2$、$\overline{A}_3$、$\overline{F}_1$、$\overline{F}_2$、$\overline{F}_3$；连 $\overline{F}_1L_2$、$\overline{F}_2L_2$、$\overline{F}_3L_2$ 分别与过 $\overline{D}$ 点的垂线相交于 $\overline{D}_1$、$\overline{D}_2$、$\overline{D}_3$（同理，利用真高线 $\overline{G}g$ 和主点 s' 也可以求得 $\overline{D}_1$、$\overline{D}_2$、$\overline{D}_3$）；连 $\overline{A}_1\overline{D}_1$、$\overline{A}_2\overline{D}_2$、$\overline{A}_3\overline{D}_3$；连 $\overline{A}_1M$、$\overline{D}_1M$，分别与过 $\overline{B}$、$\overline{C}$ 的垂线相交于 $\overline{B}_1$、$\overline{C}_1$；

（4）利用矩形对角线交点的透视仍然平分矩形这一特性，可求得 $\overline{E}_2$、$\overline{E}_3$；加深外形轮廓，即可完成作图。

以上介绍的两种结合方式，只是六种结合方式的代表，其他结合方式的作图方法与之类似。关键是求得 $\overline{D}$ 点和 $\overline{D}_1$ 点，同学们可通过练习来加深理解。

二、半值量点法

半值量点法也是一种辅助灭点法，它是以边长的半值中点作辅助线来求解物体宽度点的透视的方法。如图 9 – 3 所示，设矩形 ab 的边长为 t，作 ab 边的透视时灭点 M_2 不可达。此时，可在 pl 上取其边长 t 的一半于点 a 的右侧截取一点 b_2，连接 b_2b 并过站点 s 作 $sL_B // b_2b$，于是在视平线上得到宽度方向的半值量点 L_B。从该图可知，点 L_B 位于 L_2M_2 的中点，即 $L_2L_B = L_BM_2$。

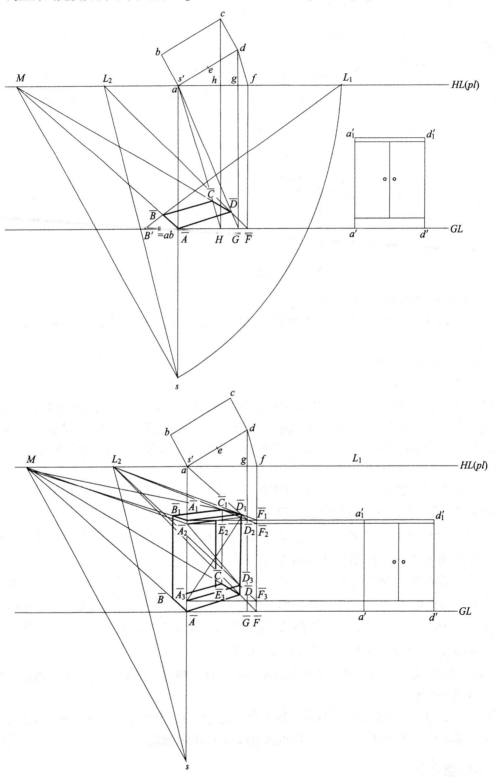

图 9 – 2　量点法与中心消失点法结合

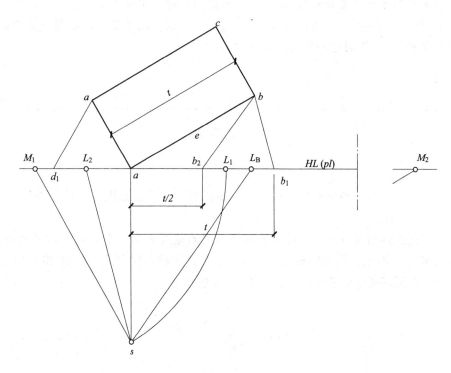

图9-3　边长半值的量点

图9-4表示半值量点的运用。首先在视平线上定出已求得的点 M_1、L_2、L_1、L_B、S'（M_2不可达），然后在基线上恰当位置定出 a 点的透视 $\overline{A}$，b 点的透视 $\overline{B}$ 则为两辅助线 b_1b 与 b_2b 交点的透视，于是运用量点法（含半值量点）即可画出矩形的基透视 $\overline{A}\,\overline{B}\,\overline{C}\,\overline{D}$。

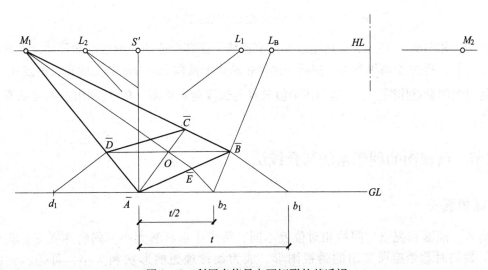

图9-4　利用半值量点画矩形的基透视

从图9-3和图9-4中可见，在这个基透视中，对于 $\overline{C}$ 的确定，可先求得 ab 中点 e 的透视 $\overline{E}$：连 b_2L_2 与 $\overline{A}\overline{B}$ 的交点即为 $\overline{E}$；再连 $\overline{E}M_1$ 与 $\overline{B}\overline{D}$ 的交点即为矩形对角线的交点 O；最后连 $\overline{A}O$ 并延长与 $\overline{B}M_1$ 相交于 $\overline{C}$。

在作图实践中如果取透视角为30°，则半值量点的确定可按以下方法：如图9-5所示，取 M_1L_2 长度的一半直接写出 L_B 的位置，即 $L_1L_B = M_1L_2/2$，这个规律可以通过数学运算加以证明（这里从略），下面通过一个实例加以说明。

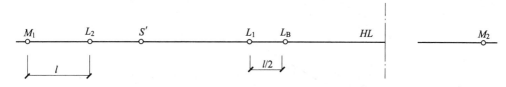

图9-5　30°~60°透视中半值量点的定位

例：试画出长、宽、高分别为5m、3m、4m的四棱柱的透视图，透视角为30°，视高为1.7m，且 M_2 不可达。

分析：按题意画出视平线，估算出拟画透视图的宽度 K 后，先在视平线上大致按 $1.5K$ 的长度定出 M_1、L_1 两点，再相继取其中点得 S'、L_2；然后再取 M_1L_2 的一半在 L_1 的右边定出 L_B。于是就可以画四棱柱的透视图了，如图9-6所示。

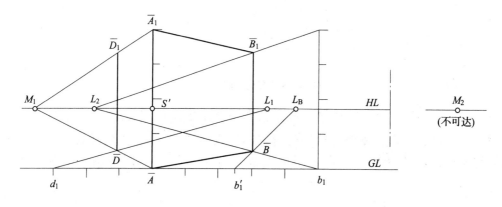

图9-6　半值量点法的应用

作图：如图9-6所示，先过主点 S' 竖真高线，选择合适的比例按已知尺寸在真高线上定出 $\overline{A}$、$\overline{A_1}$；再过 $\overline{A}$ 画出基线，按同一比例在基线上截取3m、5m的宽度和长度点 d_1、b_1，于是便可利用量点作图了。$\overline{B}$ 是利用半值量点与长度量点求得，$\overline{B_1}$ 是利用过 b_1 点的真高线求出的。

第二节　透视图的理想画法与介线法

一、理想画法

物体、画面和视点之间的相对位置不同，将产生形状和大小不同的透视图。实际工作中，我们时常希望所画出的透视图形，成为某种理想的形状和大小，可是，我们也不能随意画一个透视图，因此，理想画法是设计实践中应用较广的一种画法。理想画法的基础主要是量点法和对透视特性、规律的理解。下面通过一个实例来说明其具体的画法。

已知一长方体的大小，如图9-7（a）所示，求作该长方体的透视。

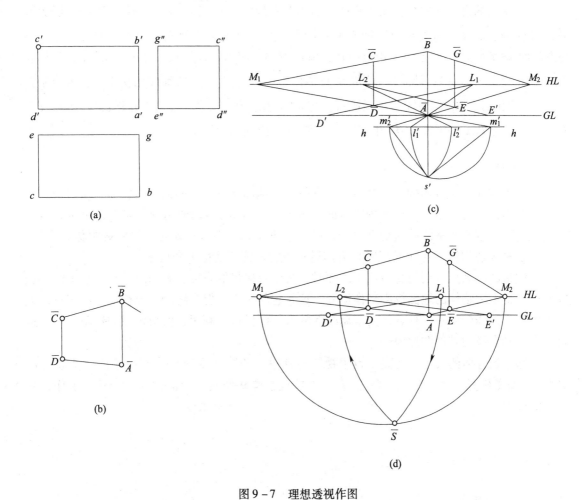

图 9 – 7　理想透视作图

（a）已知投影图　（b）理想透视形状　（c）相似形等比定理法求量点　（d）一般法求量点

　　设站点与长方体一角的水平投影的连线与基线 GL 垂直（相当于主视线在地面的投影）；根据长方体的大小以及想要得到的效果，选取视高，作两条水平线，然后在适当的位置，作一垂线作为真高线，且与基线的交点为 $\overline{A}$。再根据作图经验、理想效果，过 $\overline{A}$ 点作长方体深度和宽度方向的透视线（两线之间的夹角大于 $90°$），与视平线 HL 的交点即为 M_1、M_2。

　　另一种作法是先不确定站点的位置，而是确定长方体的透视方向以及透视宽度或深度（即一个棱面的透视），然后再求灭点与量点。具体作法请参考本章第五节中室内成角透视的画法。

　　因为不知道长方体的水平投影，在四种基本作图方法中只有用量点法可以作其透视图。而量点法的关键是要求出长方体深度和宽度方向的量点。一般情况下，量点的求解，必须先求得视点或站点。因长方体的深度线和宽度线是相互垂直的，所以可利用直径的圆周角是直角这一几何定理来求得站点的位置。以 M_1M_2 为直径作半圆，与主视线的延长线相交于 $\overline{S}$（相当于视点 S 绕视平线 HL 向下旋转至画面内的位置），然后分别以 M_1、M_2 为圆心，$\overline{S}M_1$、$\overline{S}M_2$ 为半径画弧线，与 HL 相交于 L_1、L_2，如图 9 – 7（d）所示。接下来的作图过程与量点法完全相同，这里不再重复，请同学们自己完成。

需要指出的是，在实际作图过程中，由于图形较大，不但上述通过 M_1、M_2 的半圆太大而不便作图，而且 $\overline{S}$ 往往超出图纸而不能作出，此时可利用几何知识中的相似形等比定理来辅助求解量点：以 $\overline{A}$ 点作为相似中心，延长 $M_1\overline{A}$、$M_2\overline{A}$，任意取一水平线 $h-h$，与延长线分别相交于 m_1'、m_2'，然后以 $m_1'm_2'$ 为直径作半圆，与过 $\overline{A}$ 点的垂线相交于 s'；再分别以 m_1'、m_2' 为圆心，$m_1's'$、$m_2's'$ 为半径画弧，与 $h-h$ 相交于 l_1'、l_2'，连 $l_1'\overline{A}$ 并延长与 HL 相交于 L_1，同理，连 $l_2'\overline{A}$ 并延长与 HL 相交于 L_2。如图 9-7（c）所示。

二、介线法

地面垂直面上正方形的一组对边为竖直的，与地面垂直，与画面平行，另一组对边为水平的，与地面平行。这时，可利用竖直面上倾角为 45° 的对角线的透视为媒介，由竖直线上的透视高度来定出水平线的透视宽度，这种竖直面上倾角为 45° 方向直线的透视称为介线。利用介线来求解物体宽度（或深度）方向透视点的作图方法称为介线法。

介线法的优缺点：当竖直边位于画面时，可以直接量取高度，并由之定出水平线的透视宽度，也不用物体的地面投影来作透视，这是它的优点；但介线的灭点往往超出图纸，且透视图上作图线较多是其缺点，为了克服其缺点，同样可以利用相似形定理来作图，下面通过一个实例来说明其作图过程。

已知一长方体的大小，视高，设主视线与其中一条棱（垂线）在同一平面（为了作图方便），深度和宽度的透视灭点 M_1、M_2（可按理想画法作出），如图 9-8 所示，求作该长方体的透视。

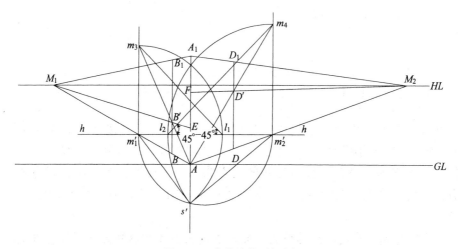

图 9-8 介线法作透视图

（1）求深度、宽度方向的介线 在 HL 与 GL 之间适当位置作一水平线 $h-h$，与深度、宽度方向透视线分别相交于 m_1'、m_2'，过 m_1'、m_2' 分别作 $h-h$ 的垂线；然后以 $m_1'm_2'$ 为直径作半圆，与过 A 点的垂线相交于 s'，再分别以 m_1'、m_2' 为圆心，$m_1's'$、$m_2's'$ 为半径画弧，与 $h-h$ 相交于 l_1、l_2；最后，过 l_1、l_2 作与 $h-h$ 成 45° 方向的斜线，分别与过 m_1'、m_2' 的垂线相交于 m_3、m_4；连 Am_3、Am_4，即为深度、宽度方向的介线。从图中可以看出：$m_3m_1' = m_1'l_1 = m_1's'$，因此，如已知 m_1' 后，可以直接以 m_1' 为圆心，$m_1's'$ 为半径画弧，与过 m_1' 的垂线相交于 m_3，或直接量取 $m_3m_1' = m_1's'$ 即可得 m_3，同理可得 m_4。

（2）作长方体的透视 在真高线上分别量取 $AA_1 = a'a_1'$（高度）、$AE = ab$（深度）、

$AF = ad$（宽度），得 A_1、E、F 各点；连 A_1M_1、A_1M_2、EM_1、FM_2，EM_1 与 Am_3 相交于 B'，FM_2 与 Am_4 相交于 D'；过 B'、D' 分别作垂线，与 AM_1、AM_2 相交于 B、D，与 A_1M_1、A_1M_2 相交于 B_1、D_1。C、C_1 的求法与以往相同，这里不再重复。

第三节　一般位置直线的透视及其应用

一、一般位置直线的灭点

假设有一个三角形楔块，斜面与水平面成一定角度，如图 9 - 9（a）所示，两条斜线与地面、画面均不平行。该直线为一般直线，其灭点肯定不在视平线上，根据灭点的定义与求法，应由视点 S 作平行于这两条斜线的直线与画面的交点 M_3 即为该斜线的灭点。从图中可以看到，该斜线的灭点与其次透视的灭点 M 的位置关系；还可看到，如果将三角形 SMM_3 绕 MM_3 旋转至画面，则视点 S 与该透视方向的量点 L 重叠。因而，斜线灭点的求法如图 9 - 9（b）所示。先求斜线地面投影线的灭点 M 和该投影线的量点 L；再过量点 L 作斜线的平行线（与视平线成 α 角），与过 M 的垂线相交，该交点即为斜线的灭点。一般位置直线灭点在作图中经常用到，如一系列有倾斜平面（图板）的绘图桌的透视（图 9 - 10）、楼梯的透视等。

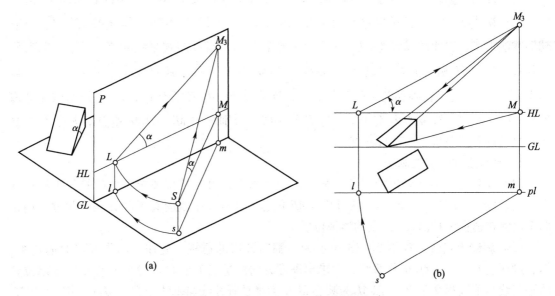

(a)　　　　　　　　　　　　(b)

图 9 - 9　一般位置直线灭点及其作图
(a) 一般位置直线　(b) 斜线灭点求法

二、门、窗开启时透视图的画法

1. 水平方向开启的画法

如图 9 - 11 所示有一矮柜，两扇直开门，柜门开启一定的角度，其他条件已知，求其透视图。

因柜门开启后，门的上下边缘仍为水平线，所以该直线的灭点仍然在视平线上。柜门直边的透视位置可利用辅助线来确定，也可用视线法求得，还可用量点法求得。

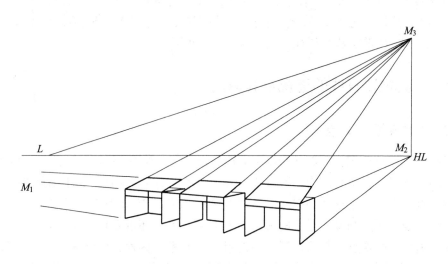

图 9 – 10   一般位置直线灭点应用

先作柜门未开启时的透视，其方法可利用基本方法中的任意一种，如图 9 – 11（a）所示。

柜门开启时的透视：先过 s 作 df 的平行线与视平线相交于 M_3；连 $\overline{D}_3 M_3$，$\overline{D}_2 M_3$，并反向延长；视线法求 $\overline{F}$：连 sf 与 pl 相交于 f_x，过 f_x 作垂线分别与 $\overline{D}_3 M_3$，$\overline{D}_2 M_3$ 相交于 $\overline{F}_1$，$\overline{F}_2$；辅助线法求 $\overline{F}$：连辅助线 ef（e 为中点），过 s 作 ef 的平行线与视平线相交于 M_4；连 $M_4 \overline{E}_1$ 并延长，与 $\overline{D}_3 M_3$ 相交于 $\overline{F}_1$，过 $\overline{F}_1$ 作垂线与 $\overline{D}_2 M_3$ 相交于 $\overline{F}_2$；还可以通过量点法求 $\overline{F}$：以 M_3 为圆心，sM_3 为半径画弧与 HL 相交于 L_3，连 $L_3 \overline{D}$ 与 GL 相交于 D'，从 D' 开始向左截取 $D'F' = df$，连 $F'L_3$ 与 $M_3\overline{D}$ 相交于 $\overline{F}$，过 $\overline{F}$ 作垂线，分别与 $\overline{D}_3 M_3$，$\overline{D}_2 M_3$ 相交于 $\overline{F}_1$、$\overline{F}_2$，具体画法请读者参照量点法自行补充。

2. 垂直方向开启的画法

（1）坐标法   若要画出柜门开至某一位置的透视，可直接按要求位置的具体坐标在透视图上定位。如图 9 – 12 所示，翻门开至 AB 位置，在视图中就应有 Y 和 Z 两个尺寸，用这两个尺寸在透视中找出 A、B 点的透视位置。

（2）斜线灭点法   如图 9 – 13 所示为一翻门开启的透视。先作柜门未开启时的透视；然后过深度方向的灭点 M_2 作垂线，并求出深度方向的量点 L_2；再过量点 L_2 作柜门开启位置的平行线与垂线相交于 M_3，以 M_3 为圆心 $M_3 L_2$ 为半径画弧线与垂线相交于 M_4；利用 M_3、M_4 即可完成翻门开启时的透视。

三、楼梯透视的画法

楼梯有上有下，由于楼梯每一级踏步高宽一致，所以就需要用灭点来控制其透视，以便获得较准确的透视图。如图 9 – 14 所示有这样一个台阶，若画面在 P_1 的位置时，则其透视比较简单。由于斜线与画面平行因此无灭点，在透视图上仍保持平行，如图 9 – 15 所示。当画面在图 9 – 14 所示中的 P_2 位置时，仍是一点透视，这时可见斜线就有必要找出灭点，画法如图 9 – 16 所示，灭点 M_3 应在其次透视灭点的垂线上。

当画楼梯的成角透视时，应在画出梯级的次透视后，先找出斜线的灭点 M_3，以控制其各梯级的大小，画法如图 9 – 17 所示。

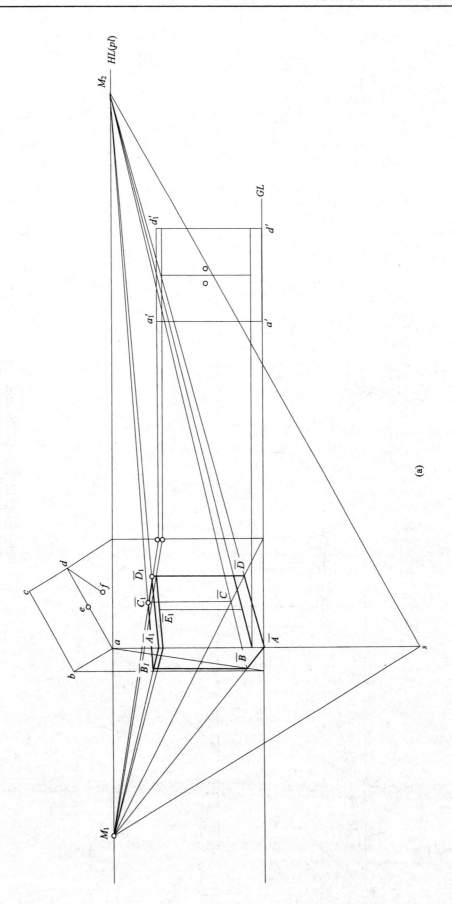

(a)

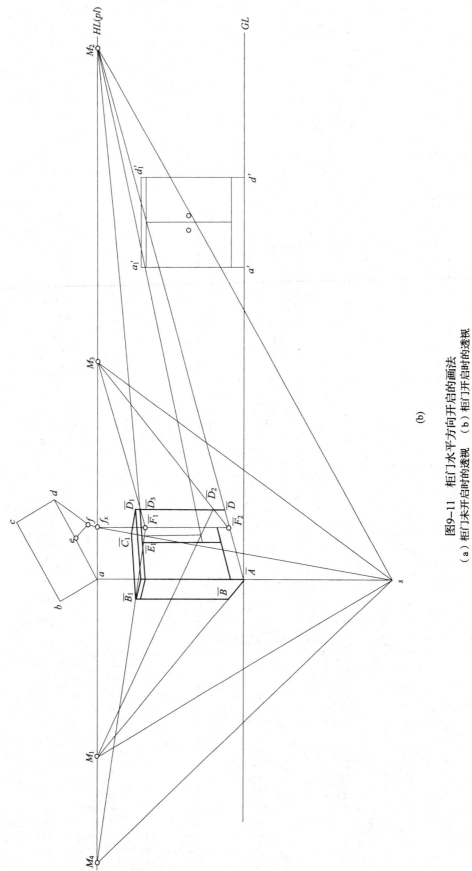

图9-11 柜门水平方向开启的画法
（a）柜门未开启时的透视 （b）柜门开启时的透视

(b)

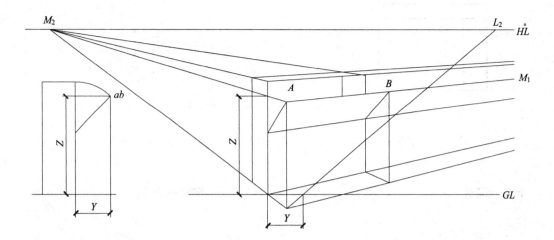

图 9 – 12 坐标法作柜门开启时的透视

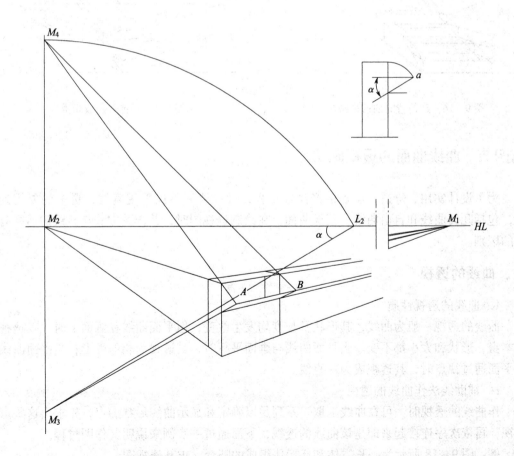

图 9 – 13 用斜线灭点作翻门开启时的透视

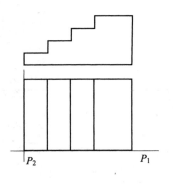

图9-14　台阶

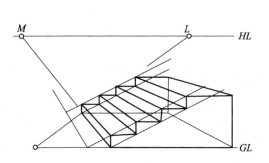

图9-15　P_1位置时的透视画法

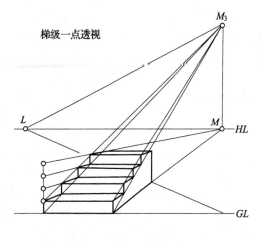

图9-16　P_2位置时的透视画法

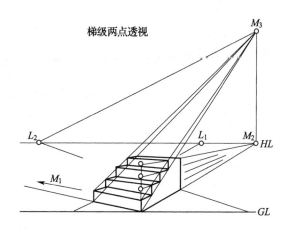

图9-17　梯级的成角透视

第四节　曲线曲面的透视画法

为了设计实用、舒适、美观的产品或工程，设计要素不仅采用直线，更多的要用到曲线，包括几何曲线和自由曲线，甚至曲面，在绘制透视图时，其作图方法与直线的透视有较大的区别。

一、曲线的透视

1. 曲线的透视性质

曲线的透视一般为曲线，其形状及长度均发生改变，但平面曲线在画面上时，其透视即为本身，形状和大小都不变。当平面曲线与画面平行时，其透视为相似图形；当平面曲线所在平面通过视点时，其透视成为一直线。

2. 辅助线法作曲线的透视

作曲线的透视时，可在曲线上取一系列足以确定和显示曲线形状的点，先求出这些点的透视，再依次序连接起来即是该曲线的透视，下面通过一实例来说明其作图过程。

例：图9-18所示为一长方体和环形体组成的吧台，求其透视图。

长方体的正面在画面上因而反映实形，它的垂直于画面的一组轮廓线的灭点为主点S'，它们的透视长度，在本例中用视线法作出，作法如图9-18所示。

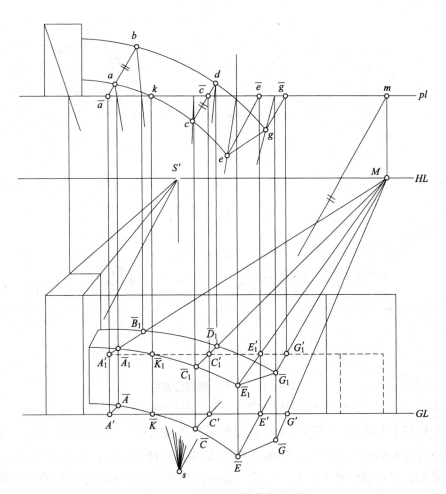

图 9 - 18　辅助线法作曲线的透视

环形体的曲线上点的透视：在空间，可通过曲线上一些点，如 A、B、C 等，作互相平行的辅助线，如 AB，A_1B_1，EE'，E_1E_1' 等，它们的地面投影为 ab，ee' 等，它们的灭点为 M，迹点为 A'、E' 等。$A'A_1'$、$E'E_1'$ 等为真高线，A_1'、E_1' 等位于由侧面投影中引来的同一条水平线上，于是如图 9 - 18 所示，可求出 $\overline{A}$、$\overline{C}$、…、$\overline{E}$，$\overline{A}_1$、$\overline{C}_1$、…、$\overline{E}_1$ 以及 $\overline{B}_1$、$\overline{D}_1$、…、$\overline{G}_1$ 等点，依次连接各点即可求得曲线的透视。

图中如 $\overline{K}$、$\overline{K}_1$ 等为曲线与画面交成的迹点，其透视即为本身。

作平面曲线的透视时，还可用网格法，即将曲线绘制在网格中，先作出网格的透视，然后在透视网格中找相应曲线的点，再将各点依次连接即可作出曲线的透视。作图过程将在下一节中介绍。

3. 八点法作圆周的透视

所谓八点法就是利用圆周上八个特殊的点来求其透视的方法。八个特殊的点是这样得来的：先作圆周的外切正方形，与圆周切于四边中点 1、3、5、7；再连对角线与圆周又交于四个点 2、4、6、8。求此八点的透视，即可连得圆周的透视（椭圆）。

例 1：如图 9 - 19 所示，作地面上圆周的透视。

设外切正方形边线与画面不平行。外切正方形 abeg 以及对角线 ae、bg 与圆周的八个交点如图所示。

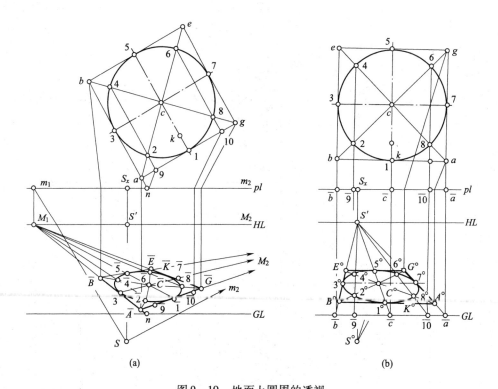

图 9 – 19　地面上圆周的透视

（a）外切正方形边线不平行于画面　（b）外切正方形一对边线平行于画面

先求出外切正方形边线的灭点 M_1、M_2。然后延长边线 ab，与 pl 交得迹点 n。本图用视线法，作出正方形的透视 $\overline{ABEG}$；连线 $\overline{AE}$、$\overline{BG}$ 为对角线的透视；交点 $\overline{C}$ 为圆心的透视。连 $\overline{C}M_1$，$\overline{C}M_2$，与边线交得 $\overline{1}$、$\overline{3}$、$\overline{5}$、$\overline{7}$，即得四个切点的透视；至于对角线与圆周的四个交点的透视，利用通过每两个点的两条平行线如 24，68，必平行于边线 ab，且与另一组边线 ag 交于点 9、10；然后，可用视线法求出 $\overline{9}$、$\overline{10}$，则连线 $\overline{9}M_1$，$\overline{10}M_1$ 就与对角线交得 $\overline{2}$，$\overline{4}$，$\overline{6}$，$\overline{8}$ 四点，于是，将八个点依次连接即可完成圆周的透视（椭圆）。

例 2：如图 9 – 20 所示，用八点法作竖直面上圆周的透视，并设圆周下端切于地面。

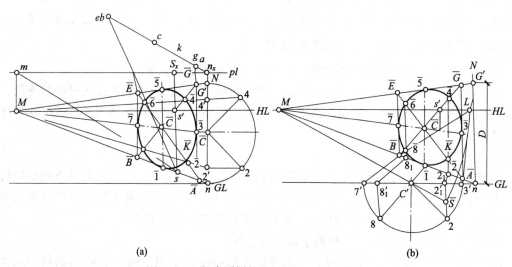

图 9 – 20　竖直圆周的透视画法——八点法

（a）视线法　（b）量点法

现用两种方法作出外切正方形的透视：

（1）视线法作图　如图 9-20（a）所示，高度用真高线 nN 作出。

（2）量点法作图　如图 9-20（b）所示，本图中灭点 M，量点 L 和圆心 C 的次透视 $\overline{C}$ 等均作为已经作出的，高度也用真高线 nN 作出，圆周直径也属已知。

4. 空间曲线的透视

空间曲线我们以螺旋线为例说明。基本方法是先作出空间曲线的次透视，对圆柱螺旋线而言就是作圆的透视，包括确定螺旋线上各点的次透视位置，例如图 9-21 上是分圆周为 12 等份，接着是要找出螺旋线次透视上各点的透视高度，为此可在旁边将螺旋线正面投影画成垂直于画面位置的透视，这样就可方便地找出各点的高度，最后以光滑曲线依次相连即可画出螺旋线的透视图。

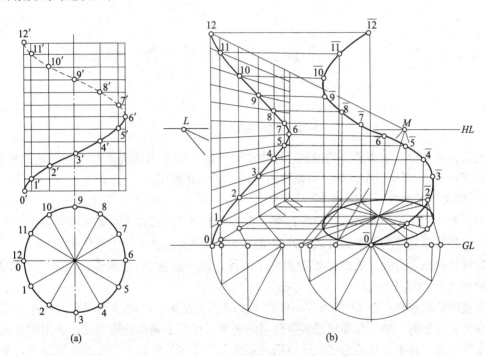

图 9-21　圆柱螺旋线的透视

（a）圆柱螺旋线的两个视图　（b）螺旋线的透视画法

二、曲面和曲面立体的透视

1. 圆柱和圆锥的透视

圆柱的透视：作出两个底圆周的透视，再作出切于它们的外形素线，就成圆柱的透视。

圆锥的透视：作出锥顶和底圆周的透视，再由锥顶的透视向底圆周的透视，作相切的外形素线就成圆锥的透视。

例：如图 9-22 所示，求正投影所示圆拱门的透视。

本例主要为两个半圆的透视。现先述前方半圆的透视作法：如正面投影所示，将半圆周纳于半正方形 $I\,ABV$（$1'a'b'5'$）内，并作出小正方形的对角线 CA（$c'a'$）、CB（$c'b'$），与半圆交于 II（$2'$）、IV（$4'$）两点，并作辅助线 $II\,IV$（$2'4'$）。于是在透视中，利用视线的地面投影和真高线 $C'A'$，先作出 $\overline{I}\,\overline{A}\,\overline{B}\,\overline{V}$，再作出辅助线的透视 $\overline{II}\,\overline{IV}$，并作对角线 $\overline{CA}$、$\overline{CB}$，于是得 $\overline{I}$、$\overline{II}$、$\cdots$、$\overline{V}$ 点，就可连得前半个透视椭圆。

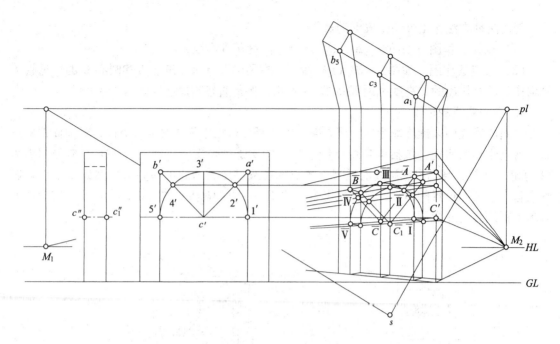

图 9 – 22 　圆拱门的透视

同法，可作出后半个圆周的透视。图中作出了前后两个半圆周上对应点的连线的透视，应通向灭点 M_2，利用这个特性，可使作图简化，或作复核用。

2. 螺旋面的透视

例：图 9 – 23 为一座螺旋楼梯的透视。楼梯支于中部的圆柱上，楼梯的底面为一个平螺旋面，内外两条底边为两条螺旋线，外螺旋线与踏步侧面也位于一个圆柱面上。

楼梯外圆柱及内圆柱的地面投影为两个圆周，绕一匝为 16 个踏步，成均匀的放射形，把圆周分成 16 个等分点。

作楼梯的次透视：在 GL 的下方，作出了反映地面投影实形的半个圆周，并作出了外切于圆周的正方形的一半，并画出过各等分点的垂直、平行于画面的辅助线。利用前者的迹点和灭点即主点，作出前者的透视。并应用对角线灭点作出了外切正方形的透视和平行于画面的辅助线的透视，由之定出等分点和踏步的地面投影的透视，于是，作全了楼梯的次透视。

作楼梯左视图的次透视：本例中，在右侧作出楼梯左视图的透视，即楼梯侧面的次透视，包括踏步口和螺旋线的透视，但图中仅作出了作透视时所需的部分。

踏步的透视：由 0 点开始作第一级踏步，故由 $\overline{0}$ 处竖直线与 $\overline{a''}$ 处水平线交得 $\overline{A}$ 点。同样，可求所有踏步外口上各点的透视 $\overline{B}$、$\overline{C}$、$\overline{D}$ 等，于是可连得踏面上各段外口透视椭圆弧（如 $\overline{AB}$、$\overline{CD}\cdots$）和各竖直线段如 $\overline{BC}$ 等。

再把 $\overline{0}$、$\overline{A}$、$\overline{B}$、$\overline{C}$ 等点与圆柱轴上对应点连成直线，如 $\overline{00}$、$1\overline{A}$、$1\overline{B}$、$2\overline{C}$ 等，则 $\overline{AA_1}$、$\overline{BB_1}$ 等必在这些线上，再把它们的透视连成直线，如 $\overline{00}$、$\overline{01}$、$\overline{02}$，与内圆柱的次透视椭圆的交点 $\overline{0_1}$、$\overline{1_1}$ 等作竖直线，就能作出各梯面与内圆柱交线的透视如 $\overline{0_1 A_1}$、$\overline{B_1 C_1}$ 等，并可作各梯面与内圆柱面相交圆弧的透视椭圆弧如 $\overline{A_1 B_1}$ 等，于是可作全可见踏步的透视。

螺旋线的透视：可通过作出螺旋线上一些点的透视来画。为了作图方便，这些点采用等分点上的点，如点 $\overline{\mathrm{II}}$ 由 $\overline{2}$ 作竖直线与由 $\overline{2''}$ 作水平线相交而得。于是可作全可见螺旋线的透视。

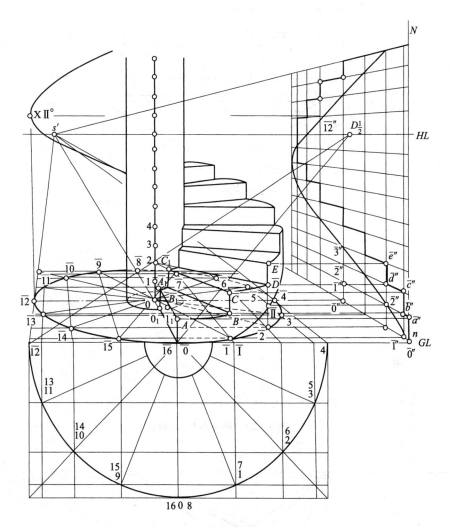

图 9 – 23　螺旋楼梯的透视

第五节　网格法及室内透视图的画法

一、网格法

　　凡遇平面图形不规整、弯曲或画室内成套家具时，可将它们纳入一个正方形网格中来定位。先作出这种方网格的透视，然后按图形在方网格中的位置，在相应的透视网格中，定出图形的透视位置。这种利用方网格来作透视图的方法，称为网格法。

　　利用网格法，只要作出物体的主要轮廓的透视，细节则可应用各种辅助方法来补充。有关透视图的辅助画法将在下一节中作详细介绍。

　　1. 平行透视网格画物体透视

　　如图 9 – 24 所示为一平面图，现用网格法来绘制其透视。图中将表示画面位置的 pl 与网格最前格线重叠。作图过程如下：

　　（1）方网格的透视　根据已定的视高、视距以及站点的位置，画出 HL、GL、s′、s 位置，如图 9 – 25 所示。然后在 GL 上截取宽度方向各网格点 0 ($\overline{0}$)、$\overline{1}$、$\overline{2}$、…、$\overline{10}$，分别与

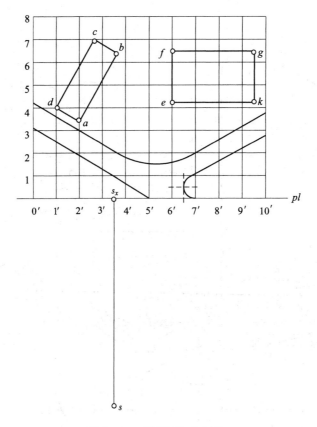

图 9 - 24　平面图与方网格

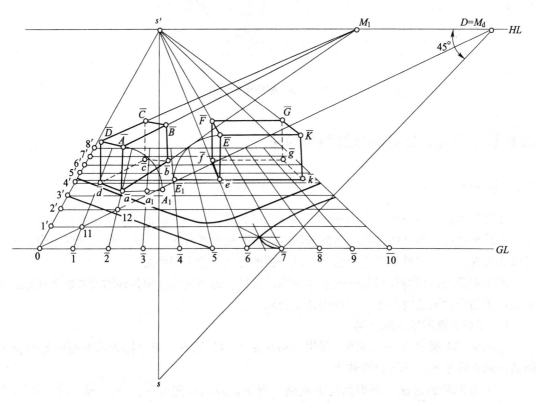

图 9 - 25　网格法作透视图

主点 s' 相连；再过站点 s 作45°方向斜线与 HL 相交于 M_d（正方形对角线灭点），连 $0M_d$，与 $\overline{1s'}$、$\overline{2s'}$、…、$\overline{8s'}$ 分别相交，过交点作水平线即可得到 $1'$、$2'$、…、$8'$ 各点。

如某处位置需要较小格子定位，则在透视格子中，利用对角线加上些小格子，如图 9-25 中过道转弯处。

（2）室内平面次透视　根据已知条件：图9-24中每件家具在网格中的位置，在图9-25 透视网格中，尽可能准确地定出一些点的位置，然后连线作出次透视。

物体上互相平行的轮廓线，当与画面平行时，其透视仍然平行；当不平行于画面时，应考虑到它们的全透视，应相交于视平线上一点，即灭点，如图9-25中的 M_1。

（3）透视高度　量取家具的透视高度可用下述方法：因平行画面的正方形透视仍为正方形，即高度与宽度相等。故在本图中，如家具一角 aA 的空间高度相当于网格1.5格宽度，则在透视中，$\overline{aA}$ 的高度相当于该处水平的透视网格线上1.5格透视网格宽度 $\overline{aA_1}$。作图时，由 $\overline{a}$ 作 GL 的平行线，与 $\overline{2s'}$、$\overline{3s'}$ 交得该处一格宽度 $\overline{aa_1}$，于是取 $\overline{aA_1}=1.5\overline{aa_1}$，即为1.5格透视宽度，再取 $\overline{aA}=\overline{aA_1}$，即得 $\overline{A}$。同理，可作出其他各点的高度，依次连线即可完成室内家具透视图。如把 $\overline{AB}$ 延长，应与灭点 M_1 相交。因而可用 M_1 来简化作图，或作校核用。

2. 成角透视网格画物体透视

图9-26所示为一室内平面图，由于各件家具互相平行，故选择成角透视画其效果图。

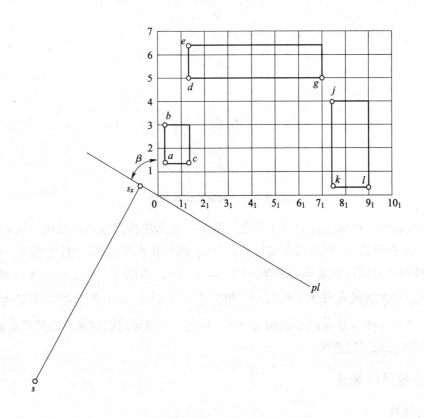

图 9-26　平面图与方网格

（1）首先根据视点的位置，由视高、视距定出 HL、GL 和 S。并根据透视角 β 作出两组格线的灭点 M_1、M_2（M_2 越出书页外）。并作出方网格对角线的灭点 $M_{45°}$。用量点法先作出方网格的透视：从 0 开始向左截取网格宽度，得 1、2、3 等点，与量点 L_1 连得 $1L_1$、$2L_1$ 等，与 $0M_1$ 交得 $\overline{1}$、$\overline{2}$、$\overline{3}$ 等点，于是与 M_2 连得一组格线的全透视 $\overline{1}M_2$、$\overline{2}M_2$ 等；再连 $0M_{45°}$ 交得 11、12 等点，将各交点与 M_1 相连得另一组格线的透视；但是由于 $0M_1$ 上仅有 7 格，而 $0M_2$ 上有 10 格，故再要通过图中的一点，如点 47，加一条对角线 $47M_{45°}$，补全余下的三条网线。

（2）室内平面次透视　根据已知条件图 9-26 中每件家具在网格中的位置，在图 9-27 透视网格中，定出一些点的位置，然后连线作出次透视。

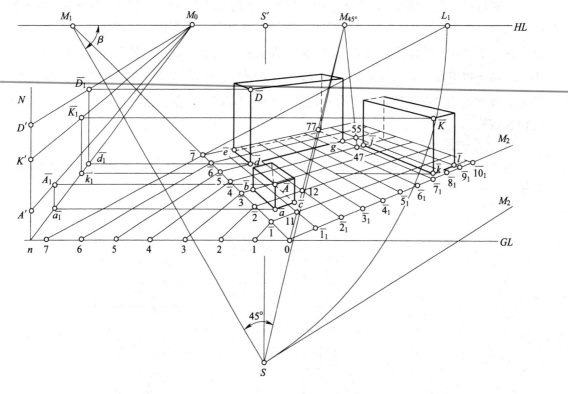

图 9-27　网格法作透视图

（3）透视高度　根据家具的已知高度，用集中量高法作出家具的透视：在画面的适当位置，作一 GL 的垂线 Nn 作为真高线与之交于 n；然后在视平线 HL 上任意确定一点 M_0，连 nM_0；在真高线上分别截取家具各高度 nA'、nK'、nD'，得点 A'、K'、D'，连 $A'M_0$、$K'M_0$、$D'M_0$；从 A 点的次透视 $\overline{a}$ 作水平线与 nM_0 相交于 $\overline{a}_1$，过 $\overline{a}_1$ 向上作垂线与 $A'M_0$ 相交于 $\overline{A}_1$，再过 $\overline{A}_1$ 向右作水平线与过 $\overline{a}$ 的垂线相交于 $\overline{A}$。同理，可求得另两件家具的高度点 $\overline{D}$、$\overline{K}$；利用 M_1、M_2 即可完成室内透视。

二、室内透视图的画法

1. 平行透视

室内平行透视的具体作图方法与上章所讲平行透视相似。在绘图过程中应注意以下几点：室内平行透视主要是为了反映室内空间的全貌，为了使效果生动，视点的位置不应在正中间，而是在靠左（或靠右）1/3~2/5室内宽度处；前墙面或后墙面与画面重叠（缩小或放大）；视高与人体高度接近；视距按理想效果确定（一般为3~5倍的视高）。

画室内平行透视，利用网格法可以使作图简便、快捷。下面通过一实例，说明其作图过程。

图9-28所示为一简单室内，图中有门、窗、吸顶灯和一立柱。画法如图9-29所示，步骤如下：

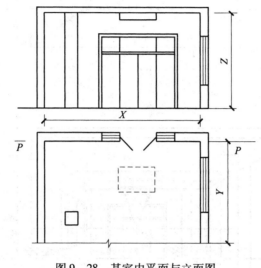

图9-28　某室内平面与立面图

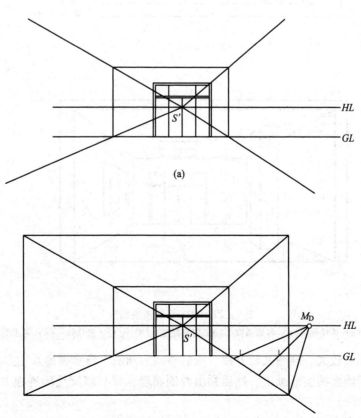

(a)

(b)

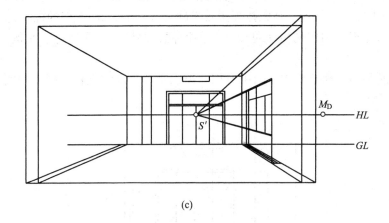

(c)

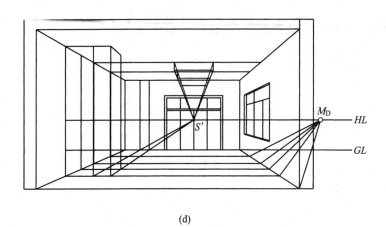

(d)

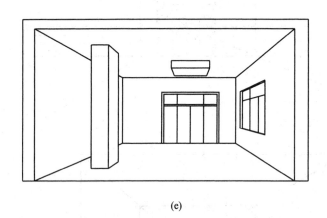

(e)

图9-29　室内平行透视画法
(a) 后墙面　(b) 各墙透视　(c) 窗户高度　(d) 立柱、吸顶灯　(e) 完成图

（1）为使图形较大，画图又较方便，取后墙面为画面，自定视高及主点 S' 位置；

（2）先将后墙面按实形画出，然后画出两侧面墙顶线和墙脚线的透视方向，如图9-29（a）所示；

（3）根据视高在 HL 上合理确定距点（3～5倍的视高），也是正方形对角线的灭点 M_D；

在 GL 上从后墙面一角点开始截取室内深度和窗户位置，分别与距点相连可得前墙面一角的透视点，过此点分别作水平线和垂直线，即可完成室内各墙面的透视，如图 9 – 29（b）所示；

（4）以后墙角竖线（左角线、右角线均可）为真高线，截取窗户高度，根据窗户的透视位置作其透视图；同时，画出墙体厚度的透视，如图 9 – 29（c）所示；

（5）根据立柱、吸顶灯在平面图中的位置，按同样的方法先画出它们的次透视，然后在真高线上截取其高度，即可完成其透视，如图 9 – 29（d）所示；

（6）如图 9 – 29（e）是最后完成的室内透视图。此外，还可以与网格法结合求解室内透视图：先在平面图上将地面分割成网格，求解地面透视后，再利用透视网格作立柱、吸顶灯的透视，具体的作图方法可参考网格法。

2. 成角透视

画室内成角透视除了画室内某一角落以重点表现外，如要绘制完整室内空间，则常画成图 9 – 30 的形式。为了使得画面表现的内容更多，可将其中一个灭点放在墙面内。

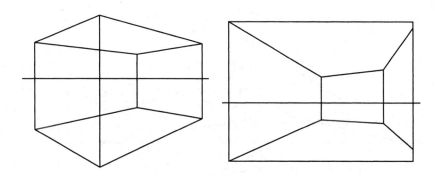

图 9 – 30　室内成角透视常见的两种形式

例：图 9 – 31（a）所示为一间室内的局部投影图。设已知正面墙壁的透视 $\overline{ABCD}$（理想透视），并知左墙壁墙顶线的透视方向，如图 9 – 31（b）所示，完成墙壁及门的透视。

$\overline{AD}$、$\overline{BC}$ 的延长线，交得灭点 M_1，如图 9 – 31（c）所示。由之作水平线即为视平线 HL；延长左墙壁的顶线，与之交得灭点 M_2；于是连 $\overline{A}M_2$、$\overline{C}M_2$、$\overline{D}M_2$ 并反向延长，分别为左墙的脚线和右墙的顶线、脚线的透视方向。

本例中，设 $\overline{AB} = AB = a'b'$，故画面通过墙角线 AB。由 $\overline{B}$ 作水平线，可视为天花板与画面的迹线；在迹线上量取 $\overline{BC'} = bc$，连线 $\overline{C}C'$ 与 HL 交得量点 L_1。

本例不利用视点 S 绕了 HL 旋转入画面上位置 S' 作 L_2，而是任取一水平线为 $h – h$，并任取一点 B' 为相似中心。作连线 $B'M_1$、$B'M_2$ 和 $B'L_1$，与 $h – h$ 交得 M_1'、M_2' 和 L_1'。再以 M_1' 为圆心，$M_1'L_1'$ 为半径画弧，与以 $M_1'M_2'$ 为直径的半圆交于 S_1'。再以 M_2' 为圆心，$M_2'S_1'$ 为半径作圆弧，与 $h – h$ 交于 L_2' 点，连 $B'L_2'$ 与 HL 交得量点 L_2。

在过 $\overline{B}$ 点的水平线上，即在天花板与画面交成的迹线上，量取 $1'\overline{B} = 1b$，$1'2' = 12$，连线 $1'L_2$、$2'L_2$，与 $\overline{B}M_2$ 交于点 $\overline{1}$、$\overline{2}$。由之作垂直线，得门边线的透视位置。再在反映 AB 实长的 $\overline{AB}$ 上，量取 $\overline{3A}$ 等于门高，得点 $\overline{3}$，作连线 $\overline{3}M_2$ 并反向延长，交得墙面上门的透视。

在工作实践中，利用网格法可以很方便地确定室内陈设的透视位置，再用集中量高法、透视性质、透视规律以及作图技巧作局部的补充，能收到事半功倍的效果。

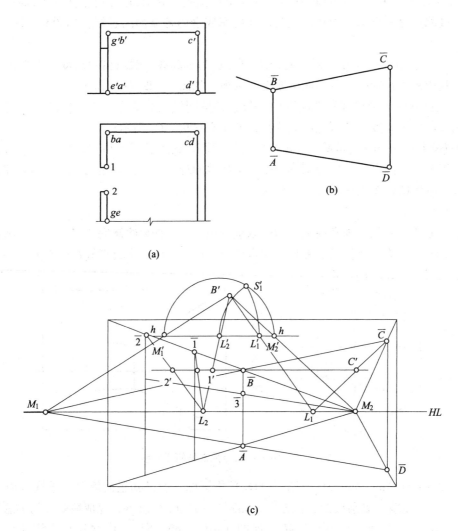

图 9 – 31　室内成角透视画法

（a）局部投影图　（b）已知条件　（c）作图过程

第六节　透视图局部简捷画法

绘制产品、工程的透视图时，首先绘制主要轮廓的透视。这部分的透视，可以应用基本作图法。至于产品、工程的细部，在设计图上由于没有详细地表示出来，而是由详图表示的，若用基本作图方法，则作图误差较大。在这种情况下，可以应用一些辅助方法来补充画图。

一、分比法

1. 画面平行线的分段

画面平行线除了恰在画面上透视即为本身不变外，当不在画面上时，方向不变，但长度将发生变化，不过直线上各线段长度之比，在透视中不变。如图 9 – 32 所示，若已知直线 AB 的透视 $\overline{AB}$，C 点将直线 AB 分为 $3:2$，求 C 点的透视。过 $\overline{A}$ 作任意一条直线 $\overline{AB_1}$，在

$\overline{AB_1}$ 上找到 C_1 点，使得 $\overline{AC_1}:C_1B_1=3:2$；连 $B_1\overline{B}$，过 C_1 作 $B_1\overline{B}$ 的平行线与 $\overline{AB}$ 的交点即为 C 点的透视 $\overline{C}$。

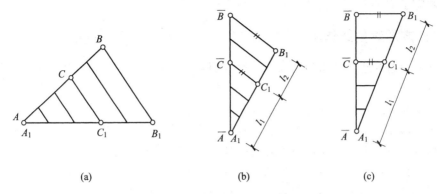

图 9 - 32　画面平行线透视的分段

（a）空间情况　（b）作法一　（c）作法二

2. 地面平行线的分段

这里的地面平行线是指与画面不平行的直线，因而非但直线的透视不等于原来的长度，且直线上线段的长度之比，在透视中也不保持与原来相同；不过可取与画面平行的地面平行线作为辅助线来进行分段的作图。

例：如图 9 - 33 所示，设已作出一条地面平行线 AB 的透视 $\overline{AB}$，又知 AB 线段 $AC=l_1$，$CB=l_2$，求 $\overline{C}$ 的位置。

可取一条水平线 $\overline{A_1}\overline{B_1}$，使得 $\overline{A_1}$ 与 A 重合，并使 $\overline{A_1}\overline{C_1}=l_1$，$\overline{C_1}\overline{B_1}=l_2$，于是连线 $\overline{B_1}\overline{B}$ 与 HL 交于 M_1，再连 $\overline{C_1}M_1$ 与 $\overline{AB}$ 交得 $\overline{C}$。

3. 一般位置直线的分段

例：如图 9 - 34 所示，已知一般位置直线 AB 的透视 $\overline{AB}$ 及次透视 $\overline{a}\overline{b}$，又知 AB 内线段 $AC=l_1$、$CB=l_2$，求 $\overline{C}$。

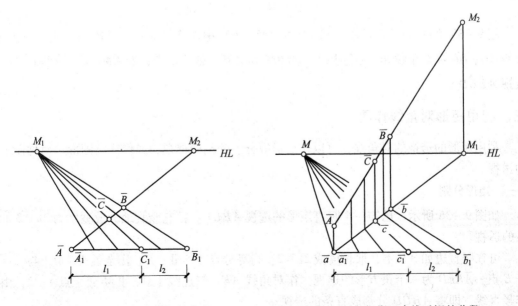

图 9 - 33　地面平行线透视的分段　　　　图 9 - 34　一般位置直线透视的分段

先将次透视分段：将 $\overline{ab}$ 分成 $l_1 : l_2$，得 $\overline{c}$（方法同上）；则对应于 $\overline{c}$ 的 $\overline{C}$，必将 $\overline{AB}$ 分成 l_1 与 l_2 之比。再作连系线 $\overline{cC}$，与 $\overline{AB}$ 交得 $\overline{C}$。在空间，对应的投射线 Aa、Bb 和 Cc 互相平行，故对应于 $\overline{C}$ 点的 C，将 AB 分成 $AC : CB = ac : cb = l_1 : l_2$。

二、利用正方形对角线作图

当正方形一边的透视已知时，利用对角线等可作出另一方向边线的透视来完成正方形的透视；当矩形一边的透视已知时，利用正方形的对角线，配合分比法，也可作出矩形另一方向边线的透视来完成矩形的透视。

正方形对角线方向，实质上相当于与两条直角边均成45°夹角的方向。如已知两条直角边的灭点和对角线的灭点，并知一边的透视时，可得另一边的透视。

如图9-35所示，设已知一个正方形 $ABCD$ 的两个方向直线和对角线的灭点 M_1、M_2、$M_{45°}$，并知一边 AB 的透视 $\overline{AB}$，作全正方形的透视。

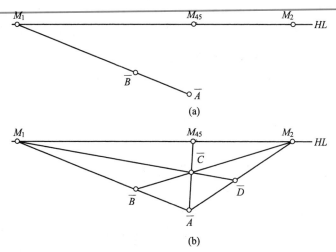

图9-35　利用对角线作正方形的透视
（a）已知条件　（b）作图过程

图9-35（a）为已知条件，现于图9-35（b）中作连线 $\overline{AM_2}$、$\overline{BM_2}$ 和 $\overline{AM_{45°}}$，分别为边线 AD、BC 和对角线 AC 的全透视。设 $\overline{BM_2}$ 与 $\overline{AM_{45°}}$ 交于 $\overline{C}$ 点，连 $\overline{CM_1}$ 即可求得正方形的透视 $\overline{ABCD}$。

三、利用矩形对角线作图

利用矩形的透视的对角线，可以作矩形等分、分割的透视，或作连续图形、对称图形等的透视。

（一）矩形分割

如图9-36所示，已知一个竖直矩形的透视 $\overline{ABCD}$，把它竖直地分成宽度为 $2:3:2$ 的直条的透视。

可在竖直边如 $\overline{AB}$ 上，取长度成 $2:3:2$，得等分点 Ⅰ、Ⅱ、K。作全透视 KM，与 $\overline{CD}$ 交于 E 点，$\overline{AKED}$ 为一个正方形的透视。作对角线 $\overline{AE}$，与连线 ⅠM、ⅡM 交于点1、2，由之作竖直线，即将 $\overline{ABCD}$ 分割成直条的透视。

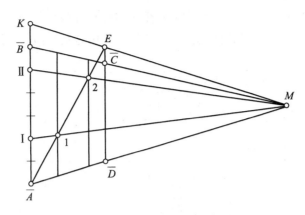

图 9 - 36　矩形分割

（二）矩形对分

1. 对分线平行于画面

如图 9 - 37（a）所示，已知一个竖直矩形的透视 $\overline{A}\,\overline{B}\,\overline{C}\,\overline{D}$，作出矩形对分成竖直的两部分的透视。

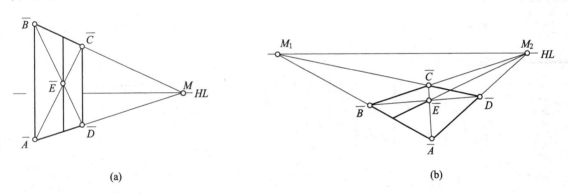

图 9 - 37　矩形对分时的透视

（a）竖直面　（b）水平面

对分线将平行于画面，透视仍成竖直方向。先求对角线 $\overline{AC}$ 和 $\overline{BD}$ 的交点 $\overline{E}$，由之作竖直线，即得矩形对分成两部分的透视。

2. 对分线不平行于画面

如图 9 - 37（b）所示，已知一个水平矩形的透视 $\overline{A}\,\overline{B}\,\overline{C}\,\overline{D}$，将矩形平行于 AD 方向对分为两部分的透视。

作出两组方向边线的灭点 M_1、M_2。因对分线平行于 AD，故它们有同一个灭点 M_2。作对角线 $\overline{AC}$ 和 $\overline{BD}$，交点为 $\overline{E}$，连线 $\overline{E}M_2$，即得等分线的透视，也就是等分后两个矩形的透视。

3. 实例应用

下面通过一个实例来说明其应用。

例如在透视图 9 - 38（b）中已画出室内墙面上一个窗口 $ABCD$ 的透视，现要求按立面图 9 - 38（a）所示的形式连续作几个间距相等、分格相同的窗口的透视。

分析：先找出立面图中各个窗口之间的构图规律，如图中细实线所示。它们是：作对角

线 $a'c'$ 与第二个窗口的竖直边框 $k'l'$ 相交于 1, 再找出与点 1 相对应的点 2, 同理作对角线 l' f' 可得另一个对应点 3。过点 1, 2, 3… 和过对角线与竖直分格线的交点分别作水平线, 这些水平线分割窗口的竖直边框成既定的比例, 于是便可利用这些几何关系连续作出相同窗口的透视。

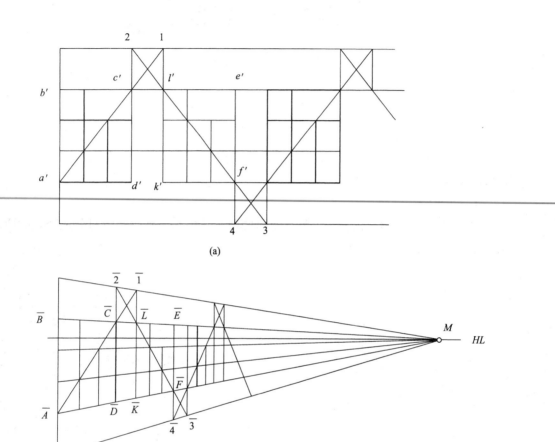

图 9 – 38　连续作一系列相同的窗口
(a) 立面图　(b) 窗口透视

作图, 如图 9 – 38 (b) 所示:

(1) 将水平线的透视向右延伸与视平线相交得 M;

(2) 作对角线 $\overline{AC}$ 与最上的透视线相交于 $\overline{1}$, 过 $\overline{1}$ 向下作竖直线即得第二个窗口的竖直边框 $\overline{KL}$, 再过对应点 $\overline{2}$ 作 $\overline{2L}$ 并延长而与 $\overline{AD}$ 的延长线相交于 $\overline{F}$, 于是得第二个窗口另一条竖直边框 $\overline{FE}$;

(3) 同理可画出各窗口的竖直分格线;

(4) 依此类推, 可画出一系列同一水平位置上的相同的窗口。

四、利用相似三角形作图

如图 9 – 39 (a) 所示, 已知透视图上一条垂线 $\overline{AB}$ 及过 $\overline{A}$ 通向较远灭点的一条直线, 求过 $\overline{B}$ 作通向同一灭点的直线。方法是作两个相似三角形, 如先作 $\triangle \overline{A}M\overline{B}$, 令 M 在视平线上。再在视平线上作另一点 M_1, 作 $1M_1 /\!/ \overline{A}M$, 过 1 作垂线; 再作 $2M_1 /\!/ M\overline{B}$ 交 12 线于 2 点,

连 $2\overline{B}$ 即为所求。

图 9 – 39（b）是不同位置需要画类似直线时的作法，其中 $\triangle\overline{A}M\overline{B}\backsim\triangle 12M_1$。

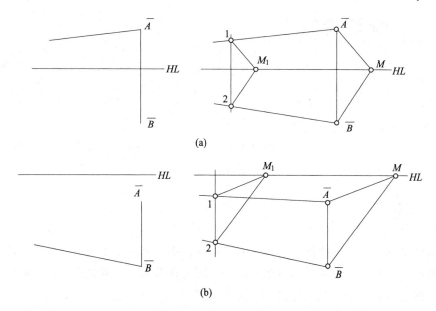

(a)

(b)

图 9 – 39　用相似三角形画灭点较远直线的透视

（a）示例一　（b）示例二

第十章 徒手绘图

徒手绘图对设计师来说是重要的表达能力，也是设计思考的重要工具。在有限的时间内将自己的设计构思作出清楚的表达，其实并不容易，需要设计师平时的积累。本章在介绍完徒手绘图的基本技能、方法，各种图形绘制程序、技巧后，同学们要充分利用课余时间加强训练，将徒手绘图能力作为设计师的基本素质来培养。

第一节 概述

徒手绘图是指不用绘图仪器和工具，而以目测比例的方法手工画出图形的过程。徒手画出的图，又称之为草图，但决非是潦草的图。草图也要基本上达到视图表达准确、图形大致符合比例、线型符合规定、线条光滑、直线尽量挺直、字体端正和图面整洁等要求。

一、徒手绘图在现代设计中的作用

目前，对设计过程和图像的作用有这样的看法：设计思维混乱的主要原因是我们通常仅以图纸来判断设计的优劣。设计正如音乐作曲，主要在头脑里构成，表现在画面或写成音符只是记录的过程。现在，对设计的方式和途径我们有了更多的选择。透视效果图是表达设计方案最直接的方法，用来向他人阐述思考的结果。而对方案的实施，人们会把注意力放在三视图和结构图上。

现实中，感性的形象思维更多地依赖于人脑对图像的空间想象能力。敏锐的观察力和感受力是具有形象思维的基本素质，设计者本身科学的图形分析思维方式有利于这种素质的培养。产品设计的整个过程中，每个阶段都离不开绘图，尤其是在概念设计阶段的构思草图，以及与他人快速交流的表达图。

设计在很大程度上依赖于表现，表现在很大程度上依赖于图形。因此，要运用图形思维方法协助产品设计，首先要学习各种不同类型、不同用途的画图方法。画图水平的高低并不是主要问题，主要问题在于勤动手，直到能够熟练地徒手画。

设计的灵感往往稍纵即逝，设计师要习惯用笔将它们及时落实在纸面上，并借助不断地图形记录触发新的灵感，这是大脑思维形象的外在表达，在养成这种图形分析的思维方式后，优秀的设计就能产生于看似纷乱的草图当中。

现代设计研究的范围相当广泛，面对设计工作的千头万绪，设计师应该了解和掌握必要的设计程序和方法，以便使设计过程有目的、按步骤、科学合理地进行，达到事半功倍的效果。设计的过程实质上是一个问题求解的过程。而且不论设计对象如何复杂，设计程序如何细化，总是要经历设计的调研、设计的构思与设计的实现三个阶段。而在上述三个阶段中，徒手绘图都是不可缺少的视觉表现手段。例如在调研与搜集资料阶段，通过对产品、环境的实物写生或根据相关书籍所做的读书笔记，可获得丰富翔实且经过取舍提炼的形象化资料；在设计的构思及深化阶段，大量的设计草图经过从各方面深化、比较，为设计方案的最优化奠定了基础；在设计的实施阶段，作为方案效果图的快图表现可以方便地与业主或施工人员进行设计交流，充分表达自己的设计思想、观念及意图。

二、徒手绘图的基本特征

快速、简练、准确、生动是徒手绘图的基本特征，也是学习徒手绘图应达到的目的。

快速，快速高效是徒手绘图的主要特征。快速是对绘图速度和完成任务的时间进行限定，它比绘制正规图的时间要大大缩短。但绘图所需具体时间不是固定不变的，它要视所画对象的复杂程度和表现难易而定。

简练，主要是指在设计的构思阶段、搜集资料的过程中以及与业主沟通的时候，必须要抓住设计对象的本质，对其进行概括、提炼与取舍地进行表达，突出重点即可。而在设计的深化阶段则应详细完整。

准确，就是能在较短的时间内，将设计对象的基本形体轮廓、特征、材质等要素概括地勾绘出来。尽管绘图比例不精准，但尺寸标注应该准确，一定要达到草图不草的效果。

生动，尽管徒手绘图快速、简练，但并不是一味的简单、抽象，而要将设计师的设计思想和意图能够形象地表达，尤其是效果图（个性化、人性化）。

三、徒手绘图的工具和用品

与仪器绘图相比，徒手绘图所用的工具、用品较少，但质量要求较高。正确选择和使用这些工具、用品，对提高绘图质量和速度有一定保证。

1. 铅笔

铅笔主要用于设计图的起草，一般选用较软的铅笔，如 HB、B、2B 铅笔，更软的如 4B～6B 铅笔则适合于画构思方案的草图。铅笔磨削成圆锥形，稍钝；笔杆不应过短，其长度以不少于整支铅笔的三分之二为好。

铅笔其最大特点在于使用同一支铅笔就能画出深浅、粗细不同的线条，可以控制自如，尤其是在作方案设计徒手草图时，能及时捕捉设计灵感，使之跃然纸上，实现脑—眼—手—图的联动。

2. 钢笔

徒手作图中的"钢笔"是普通钢笔、针管笔、速写笔、墨水笔等一类笔的统称。相对于铅笔作图来说，钢笔所作的线条粗细均匀一致。但不同类型的笔所作线条各有特点，如速写笔可以用不同的接触角度和方向作出一系列粗细不同的线条；针管笔和墨水笔便于携带，使用十分方便。

3. 彩色铅笔和马克笔

彩色铅笔和马克笔主要用于图形的润饰、绘制效果图，也用于设计方案的修改或批注。尤其是马克笔，由于其具有速干性、简便性、着色丰富，因而成为徒手绘制效果图的必备工具。设计表现中使用的马克笔主要分为油性和水性两种。油性马克笔适合在铜版纸上表现，水性马克笔适合在绘图纸上表现。

4. 图纸

徒手绘制小幅图样时，可根据需要选用不同的纸张。但是如果绘制质量较高的润色图形或效果图，则需选用专业纸张，如制图纸、水彩纸、卡纸等。

四、草图类型

设计草图既可以根据图样所表达的内容、图样表达方式、图样表现手段等进行分类，也可根据设计程序的不同阶段进行分类，主要有以下几种类型。

1. 根据图样所表达的内容分

现代设计所包含的内容相当广泛，只要是设计都会有相应的设计草图。本教材仅介绍家具与室内设计制图，因而设计草图的类型可分为家具设计草图和室内设计草图两种。

（1）家具设计草图　利用不同的表达形式，描述家具产品的造型（外形与色彩）、功能、结构、材料以及制作工艺技术等信息，为完成家具产品的设计提供参考；主要有构思草图、设计草图、结构草图、剖视草图和透视草图；

（2）室内设计草图　总体上来说，是研究建筑内部空间的草图，这类草图重点在于研究和探讨空间形式及其合理性，即将三维空间平面化；室内设计草图主要由设计方案图、平面图、立面图、节点图和透视图所构成。

2. 根据图样表达方式分

和正规图纸一样，草图绘制也必须符合投影理论。根据投影类型，草图的类型主要有正投影图（二维平面图），透视图和轴测图（三维立体图）。

（1）二维平面图　平面图均采用正投影绘制，它具有准确反映产品、空间形式的真实形状和大小，以及构成产品、室内环境各要素之间的相互关系的特征；二维草图是绘制工程图纸所必不可少的前期准备；

（2）透视图　透视图采用的是中心投影，符合人眼的视觉习惯，因而具有极强的表现力；透视图由于能将多个视图综合地表现在一个画面上，因此，最能反映设计师的设计构想；如果再将透视图赋予颜色和材质，就能成为一张表现丰富的效果图；

（3）轴测图　其长、宽、高三个方向的尺寸均可以通过 X、Y、Z 轴分别进行度量，轴测图是采用平行投影的方法绘制而成的，只是 X、Y、Z 轴均与投影方向成一定的角度；轴测图主要用于全面反映综合性的大型空间的组合关系，不受表现范围的限制；轴测图通常表现的内容较为复杂，因此，作为设计构思草图阶段出现的并不多。

3. 根据表现手段分

根据表现手段，最常见的分类方式为铅笔草图、钢笔草图和马克笔草图。

（1）铅笔草图　运用较软的绘图铅笔或专业草图铅笔绘制的草图；这类铅笔的铅芯柔软，绘制的草图粗犷、流畅，特别适宜绘制初步草图；用铅笔绘制草图速度较快，能够表达出流畅的思维和捕捉到脑海中转瞬即逝的"闪光点"，其不足之处是对细部缺乏深入的表现力；

（2）钢笔草图　绘制钢笔草图，首先要保证钢笔出水的流畅性，与铅笔草图相比，这类草图适宜表现更加深入细致的草图，以及小范围和细部的设计，钢笔草图可以作为正式草图表现；

（3）马克笔草图　马克笔具有较完整的色彩系统，马克笔草图能够体现产品的颜色、材质、明暗层次以及室内环境的氛围，因而马克笔草图多用于手绘效果图的表现；在实际工作中，通常将马克笔与钢笔搭配使用，以钢笔线条的型与马克笔的色所赋予的情态来增强设计对象的感染力。

4. 根据设计阶段分

根据草图在整个设计过程中所处的不同阶段，可以分为初步草图、深入草图和正式草图三类。这三类草图具有强烈的前后继承性，正式草图是初步草图和深入草图的最终结果。

（1）初步草图　构思初期的草图，这一时期的草图对后期草图的形成具有决定性的作用；初步草图与人的形象思维密切相关，若在大脑中已经形成一个比较明晰的形象框架，则可以采用极简的表现方式，寥寥数笔则勾勒出一个全面的总体构思，若这一时期大脑里的构思还没有形成，则需要我们边勾勒边思考，用形象的线条去辅助、去刺激大脑的构思；随着思考的不断深入，在这些众多的线条面前经常会产生豁然开朗之感，一定的量变势必产生质的飞跃；

（2）深入草图　在初步草图的基础上进行"扩写"和"细化"；深入草图是设计师不断对整体和局部进行推敲和对比后绘制的比较成熟的方案草图，能够比较全面地反映其设计构思；这里可以包含色彩、材质以及形式等细节；对于一个比较完善的设计方案来说，也许之前会有多个初步草图，但最终却只有一个深入草图；

（3）正式草图　正式草图是绘制工程图和正式效果图之前所必不可少的一道工序，这时的草图对纷繁复杂的各个细节均要考虑周全，对加工工艺也要有所考虑；各部分的图纸齐全，可以说已经是一套比较成熟和完善的方案了；如果设计对象较为简单，深入草图表达详细，此时也可以不必绘制正式草图，而利用计算机直接绘制工程图和效果图即可。

第二节　徒手绘图基本技能

草图在明晰地反映造物形态构思的前提下，要尽可能快速而准确地记录大脑中不断涌现的各种造型构想和意象。这就不仅要求设计师具有对空间、结构的丰富的想象力和理解力，还需具备熟练的徒手画技巧。只有凭借这一技巧，设计师才能在设计构思过程中做到心随手记，以草图的方式追踪和体现思维的发展。因此，学习和掌握徒手画图的基本技法是画好草图的基础。

一、基本图线的画法

1. 直线的徒手画法

画长直线时，笔杆要长些，手握笔杆的上部，应目视笔尖运动的前方或笔尖运行的终点，而不要只盯住笔尖。如果不能一次画一条长的连续线时，也可画几条短线断续接成，但不要连接太频繁。起草时，不必过分注意图线局部的光滑与否，应主要保证直线宏观平直效果（如图 10 - 1 所示）。画线时还可以利用图纸的边作为画水平线、垂直线的参考线。

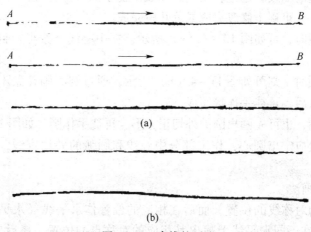

图 10 - 1　直线的画法

（a）长直线的画法　（b）应注意长直线的宏观平直效果

画水平线时应从左到右，画垂直线要从上到下。画短线常用手腕运笔，画长线则以手臂动作。为了使画水平线更加顺手，可将图纸倾斜放置。

等分线段需要较好的目测能力，必须多次练习。如欲将一线段分为 8 等分，可先目测（或借助铅笔测量）取得中点，再将两线段等分，如此进行三次即可得到各等分点。将一线段分为 5 等分时，可先目测将线段分为 3 比 2，得点 2，再得分点 3，最后得分点 1 和 4，如图 10-2 所示。

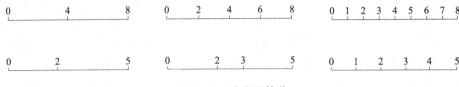

图 10-2 线段的等分

2. 角度的画法

若欲画一条与水平线成一定角度的斜线，可画一个直角三角形，其斜边即为所要求的斜线，此时应找出两直角边的长度比与角度的近似关系，先画直角边，后完成斜边；也可通过圆周的等分关系近似地作出所要求的斜线，如图 10-3 所示。

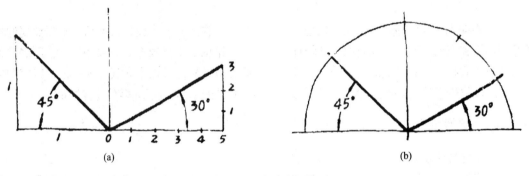

图 10-3 角度的画法
（a）方法一 （b）方法二

3. 圆和圆弧的画法

圆和圆弧是常用的图线，也是较难画的图线。徒手画圆应保证圆的宏观几何形状正确，起稿时如一次画不好，可逐步修改完成或分几段完成。

画直径较小的圆时，可如图 10-4（a）所示，在中心线上按半径目测定出四点后徒手连成。

画直径较大的圆时，则可如图 10-4（b）所示，通过圆心画几条不同方向的直线，按半径目测确定一些点后，再徒手连接而成。

为了使作图准确，也可先画出圆的外切正方形，再徒手作圆，如图 10-4（c）所示。

画圆弧时，一般应定出圆心，作出部分中心线和圆弧的外切直线，再画出圆弧，如图 10-4（f）所示。

4. 对称曲线的画法

先画出该曲线的对称线的位置，而后在相应的位置作水平线（水平线越多则对称曲线会画得更精确），并在不同水平线上找出其相应的对称点的位置，最后依次徒手连接各点，即完成对称曲线的作图，如图 10-5 所示。

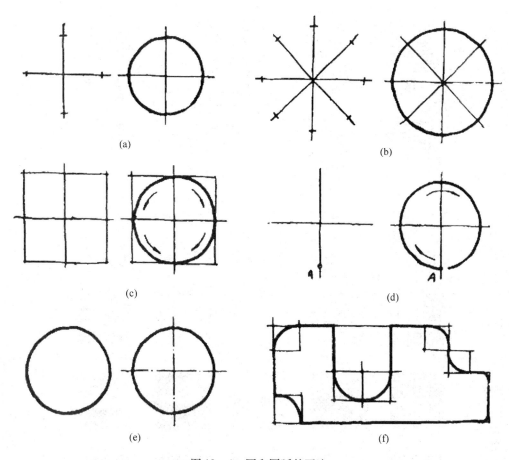

图 10 - 4 圆和圆弧的画法

（a）直径较小圆的画法 （b）直径较大圆的画法 （c）先作正方形，再画内切圆

（d）作图较熟悉时圆的画法 （e）开始作图时，也可先画圆后画中心线 （f）作圆弧时应先定中心画中心线

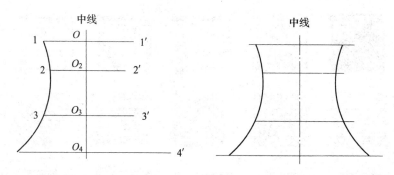

图 10 - 5 作对称曲线

5. 徒手练习

徒手绘图应从较简单的线条画法开始。直线的练习包括水平线、垂直线、斜线以及等分直线段的训练，然后练习直线的整体排列和不同方向的叠加；在此基础上，练习徒手曲线及其排列和组合，不同类型的圆和圆弧练习；最后是以上各种线形的组合练习，如图 10 - 6 所示。在徒手练习中，要注意眼—脑—手—线四位一体，加强练眼和练手，循序渐进地掌握绘图要领。

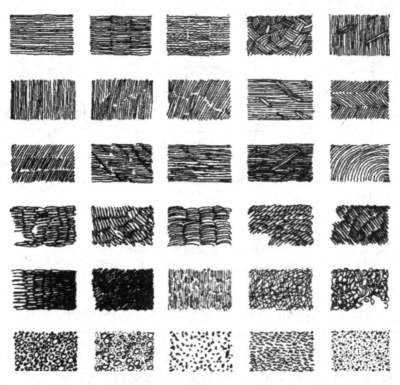

图 10 – 6　徒手练习

二、平面图形的画法

掌握平面图形的画法是绘制工程图样的基础。平面图形通常由很多线段与基本几何图形组成，作图前认真分析线段的连接方法及基本几何图形的内在联系，将有助于徒手迅速准确地作图。下面介绍常用基本几何图形及平面图形的作图方法。

1. 正六边形

先画出正六边形的外接圆，再按图 10 – 7 所示的方法将直径分为四等分，通过分点 A、B 画垂直中心线的平行线即可将圆分为六等分，连接各分点即得正六边形。

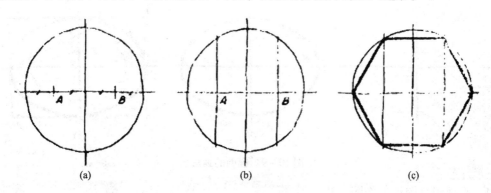

(a)　　　　　　　　(b)　　　　　　　　(c)

图 10 – 7　正六边形的画法

（a）外接圆　（b）外接圆六等分　（c）正六边形

2. 正五边形及五角星

先画出正五边形的外接圆，将左半圆两段 1/4 圆周各分为五等分，如图 10 – 8 所示，其中上部的 4 点和下部的 3 点即为分圆周五等分的分点，再过此两点作水平线，在右半圆上又得到两分点，连接各分点，可得正五边形或五角星。

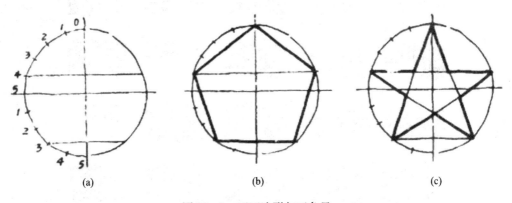

图 10 - 8　正五边形与五角星
（a）外接圆　（b）正五边形　（c）五角星

3. 椭圆的画法

已知长短轴画椭圆，如图 10 - 9 所示。可先作出椭圆的外切矩形，再将矩形对角线六等分，并在长短轴的中心交点向对角线两端各取两份长，找出相应的四个点，依次徒手用圆弧连接该四个点及长短轴同矩形的另四个交点（称为八点法），即为求作的椭圆。如椭圆较小，可以直接画出椭圆，即可由一点开始徒手完成椭圆。必要时，也可先按椭圆长短轴大小画长方形，再徒手自一点开始，作此长方形的内切椭圆，并可用图 10 - 9 所示方法校准椭圆上的点。

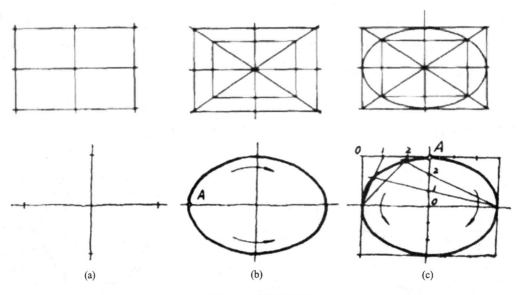

图 10 - 9　椭圆的画法

4. 平面组合图形的作图方法

作图前应分析平面图形，确定哪些是基本线段，哪些是连接线段；作图时应先画基本线段，后画连接线段；画圆和圆弧时，应先找出圆的中心，作出中心线，必要时还可画出圆的外切正方形，然后再画出圆和圆弧，如图 10 - 10 所示。用钢笔描深图形后，可擦去起稿时的铅笔线，清洁图面。

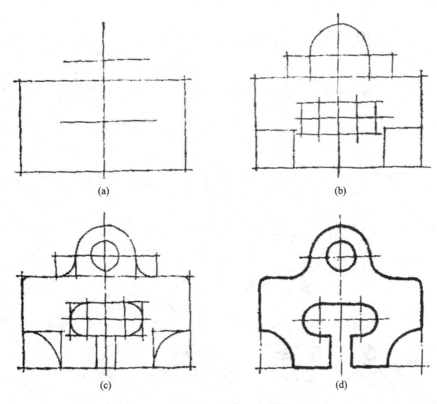

图 10 – 10　平面组合图形

第三节　家具与室内设计二维平面草图

为了便于交流、绘制正规图样，草图的绘制也应符合投影原理。根据投影类型，在实际工作中草图主要采用正投影图和透视图两种表达方式，具体采用何种方式视表达的内容、目的和交流的对象而定。一般情况下，在表达设计整体构思、形态效果以及与普通消费者交流时多采用透视图；在推敲产品结构、尺度大小以及绘制正规图纸时多采用二维视图。在设计程序的每一个阶段，平面草图与透视草图并非严格区分，有时还需相互补充，以获得理想的设计效果。本教材之所以分成两节，是为了讲解的方便。

一、家具设计二维草图

家具设计平面草图主要以基本视图为主，局部详图为辅，偶尔采用剖视图。这些图样的作图原理、内容和要求已在前面章节中作过介绍，这里重点介绍徒手绘制草图的方法和步骤，透视草图将在下一节中介绍。

1. 家具概念设计草图

主要是快速表达设计主题确立后所形成的概念形态以及构思过程中产生的设计灵感，如图 10 – 11 所示。

2. 家具设计草图

概念形态确定之后，绘制正式图样前，根据人体功效学以及国家相关标准对形态和结构进一步的考量，有时还可辅以透视图。设计草图的内容与正规图纸基本相同，如图 10 – 12 所示。

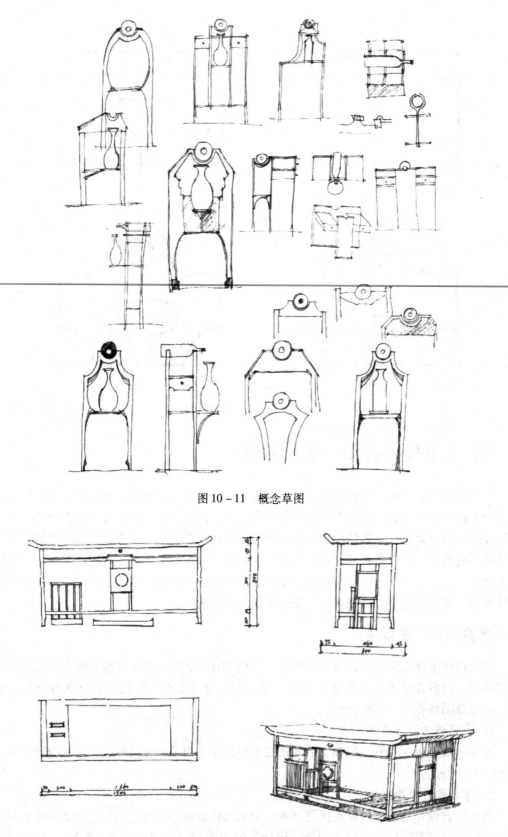

图 10 – 11 概念草图

图 10 – 12 设计草图

3．家具零件草图

对于较复杂的零配件在绘制正规图样前，一般都应绘制零件草图，以确保设计质量。

徒手画图，一般选用较软的 HB，B 或 2B 铅笔和专用稿纸。建议初学者使用印有淡色小方格纸，或者在透明纸下面衬垫方格纸，绘图时图线尽可能画在格子线上，以保证图面整洁、控制尺寸。画视图步骤与用仪器和工具的画法相同，主要步骤如下：

（1）首先应对零件形体进行分析，了解零件的作用、功能和加工方法；

（2）根据零件结构特点，选择合适的表达方法　基本视图、剖视图、剖面图、局部详图，简化画法、规定画法；

（3）确定画图比例并选择图纸大小　徒手绘制草图，虽然很难保证尺寸的精确，但也要通过目测使图形大小符合一定的比例，并力争使尺寸尽可能准确；

（4）布图并画出各视图的轴线（中心线）、轮廓线　布图时一定要注意各视图间的位置和距离以及所有视图大小，要做到疏密有致；确定主视图时，主要考虑选择最能表达零件形状特征及连接方式的视图为主视图；

（5）根据零件信息逐步画出各视图　对于同一形态或连接处最好是几个视图同时画，避免漏画线条；当零件较复杂时，应考虑增加剖面图或局部详图；

（6）标注尺寸和技术要求　如果绘图采用的是方格纸，最后还应对所绘图线适当加深。

二、室内设计二维草图

1．室内设计构思草图

图 10－13　草图

2. 室内设计平面图

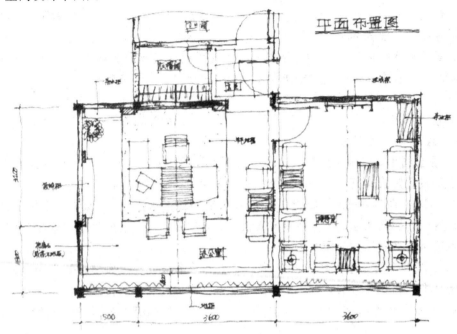

图 10-14　平面图

3. 室内设计立面图

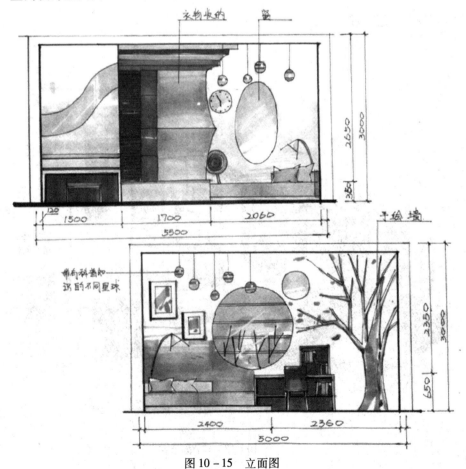

图 10-15　立面图

第四节　透视草图

一、透视草图的简化画法

1．利用透视原理和透视特性求直线上的特殊点

（1）利用对角线等分透视矩形

如图 10 - 16 所示，作对角线 ac、bd，以及 ae、bf，分别得中点 m、n，再过 m、n 分别作垂线 gh、ij，即为 $abcd$、$abef$ 的等分线。同理，可以得到 $abgh$、$ghdc$ 的等分线。

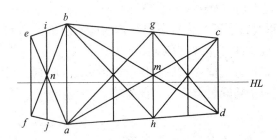

图 10 - 16　对角线等分透视矩形

（2）利用中线作已知透视矩形的相同透视平面

如图 10 - 17 所示，在平行透视中，连接 ad 中点 e 与灭点 M_s，交 bc 于 f；连接 af 并延长与视平线相交于 M_f（辅助灭点）；连接 bM_f 与 eM_s 相交于 g，过 g 作水平线 kt，$bctk$ 与 $abcd$ 为相同的透视平面。

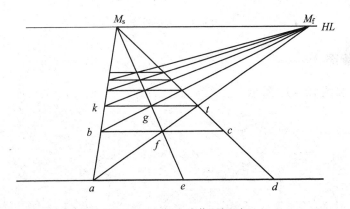

图 10 - 17　用中线作透视平面

（3）利用辅助灭点分割已知透视矩形

如图 10 - 18 所示，过 b 点作水平线 bi，并等分 bi（或按比例分割 bi），分别得 e、f、g、h；连接 ic，并延长到 HL，得交点 M；分别连接 Me、Mf、Mg、Mh，与 bc 相交于 e_1、f_1、g_1、h_1；过 e_1、f_1、g_1、h_1 分别作 ab 的平行线，即可分割 $abcd$。

2．近似量点法

如图 10 - 19 所示：

（1）任意画一条水平线，并定出物体深度和宽度的灭点 M_1、M_2；

（2）取 M_1M_2 的中点为物体深度的量点 N_1；

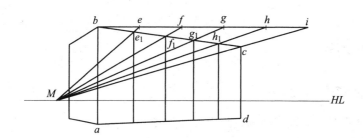

图 10 - 18　分割透视矩形

（3）截取 M_1N_1 的中点为主视点 M_s；

（4）取 M_1M_s 的中点为物体宽度的量点 N_2；

（5）过 M_s 向下作垂线，在适当位置写出物体的地面顶角 a（aM_s 相当于视高）；

（6）过 a 点作水平线，即为基线（GL）；

（7）在基线上，过 a 点分别向左截取物体的深度 ax，向右截取物体的宽度 ay；

（8）以下作图方法和步骤同量点法，在此省略。

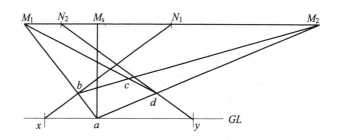

图 10 - 19　近似量点法

二、家具透视草图

如图 10 - 20 和图 10 - 21 所示。

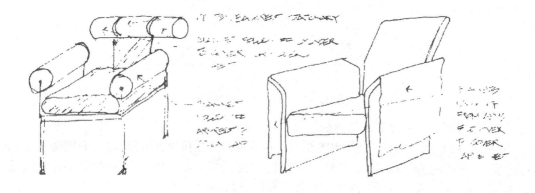

图 10 - 20　透视草图一

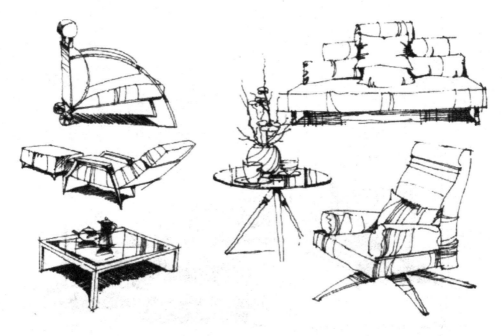

图 10 - 21　透视草图二

三、室内设计方案草图

如图 10 - 22 至图 10 - 24 所示。

图 10 - 22　草图一

图 10 - 23　草图二

图 10 - 24　草图三

参考文献

［1］李克忠. 设计制图［M］. 长沙：国防科技大学出版社，2005
［2］李国生. 室内设计制图与透视［M］. 广州：华南理工大学出版社，2010
［3］聂桂平. 设计图学［M］. 北京：机械工业出版社，2004
［4］袁和法. 设计制图［M］. 北京：机械工业出版社，2004
［5］周雅南. 家具制图［M］. 北京：中国轻工业出版社，1991
［6］刘文辉. 室内设计制图基础［M］. 北京：中国建筑工业出版社，2004
［7］黄钟琏. 建筑阴影和透视［M］. 上海：同济大学出版社，2003
［8］马连弟，刘运符. 透视学原理［M］. 长春：吉林美术出版社，2006
［9］吕金铎. 工程徒手绘图［M］. 北京：机械工业出版社，1992
［10］杨茂川. 环艺设计构思草图［M］. 武汉：湖北美术出版社，2003